30秒探索

繁华上海

每天30秒
解读塑造这座城市的
关键场景、事件和建筑物

邱力立 编著

机械工业出版社
CHINA MACHINE PRESS

本书用五章为读者展现“繁华”上海，从城市地标到街头巷尾，从名人典故到市井生活，从传说中探讨真相，解读这座城市的55个关键场景、建筑物和它们背后的典故。本书第一章为城市地标“大巡礼”，解读深根于这座城市中的文化底蕴，为您开启与上海亲密接触的奇妙旅程；第二章为五湖四海的来客，展现上海国际化进程中的一个缩影；第三章为海纳百川的申城，重点聚焦发生在各式老建筑中的“中国故事”；第四章为传说与真相的距离，当翻开史料的那一刻，建筑背后历史的真相浮出水面；第五章为老楼钩沉拾遗补缺，深入挖掘申城老建筑的故事。本书适合建筑专业从业者、老建筑爱好者、旅行爱好者阅读。

图书在版编目（CIP）数据

繁华上海 / 邱力立编著. —北京：机械工业出版社，2024.1
（30秒探索）
ISBN 978-7-111-74752-9

Ⅰ.①繁…　Ⅱ.①邱…　Ⅲ.①城市史－建筑史－上海　Ⅳ.①TU-098.12

中国国家版本馆CIP数据核字（2024）第033793号

机械工业出版社（北京市百万庄大街22号　邮政编码100037）
策划编辑：何文军　　责任编辑：何文军　张大勇
责任校对：郑　雪　梁　静　　封面设计：鞠　杨
责任印制：张　博
北京利丰雅高长城印刷有限公司印刷
2024年3月第1版第1次印刷
148mm×195mm・4.125印张・157千字
标准书号：ISBN 978-7-111-74752-9
定价：59.00元

电话服务
客服电话：010-88361066
010-88379833
010-68326294

网络服务
机　工　官　网：www.cmpbook.com
机　工　官　博：weibo.com/cmp1952
金　书　网：www.golden-book.com
机工教育服务网：www.cmpedu.com

花旗银行
citibank

序

上海是个万花筒

邱力立继《觅·境——旧时光里的上海滩》《觅·境——上海滩二十四小时》出版后，将要出版第三本书。古人曰：“一而再，再而三。”意思是一鼓作气，再接再厉。我闻讯后，首先预祝本书顺利出版，并特此题序——“上海是个万花筒”。

我小时候玩过万花筒，纸质圆筒，有个小洞，望进去是五彩缤纷的图案。我读了本书的提纲，第一章为城市地标“大巡礼”，讲上海老城厢、徐家汇、外滩、南京东路、武康路、愚园路等地标；第二章为五湖四海的来客，讲外国侨民在上海老建筑中留下的印迹；第三章为海纳百川的申城，讲上海老建筑里的各种人文故事；第四章为传说与真相的距离，讲对于老建筑中各种谜团的揭晓；第五章为老楼钩沉拾遗补缺，讲探秘老建筑里深藏的史料。五章包罗万象，把上海老街坊、老建筑及各种历史人物“一网打尽”。上海就是这样的“万花筒”，光怪陆离，海纳百川。

金宇澄老师写的长篇小说《繁花》，以20世纪60年代至90年代的上海为背景，围绕阿宝、沪生、小毛等人物，描绘一百多个性格各异的众生相。邱力立在这本《30秒探索：繁华上海》里，把场景再次推到百年前的上海滩，从城市萌芽、兴起、发展、盛到战火中的创伤，从那个时代中的外国冒险家、犹太人、俄、印度巡捕到中国官僚、民族实业家、买办、地产商、学者、帮会人物，其中有徐光启、哈同、德莱蒙德、李经迈、雷士德、邬达克、董大西、黄元吉、马勒、蔡元培、田汉等人，通过老建筑呈现他们的生平事迹和历史故事。可以这么说，近代上海的一些传奇往事，就是这座城市海纳百川的见证。

在本书里，除了建筑中的人文故事外，还有千姿百态的老建筑，无论是中式、英式、法式、德式、文艺复兴式及折中主义建筑风格，都是上海这座城市的重要组成部分，闪耀着五彩缤纷的光芒，这也是说“上海是个万花筒”的缘由之一。

眼花缭乱是“万花”，纷繁之中不“花眼”，唯有读书才会正本清源，在“万花筒”里了解建筑的过往和城市的底蕴。繁荣的上海不是一代人建成的，是一代又一代人付出的努力造就的，我们要不断努力，再创辉煌。

娄承浩

2023年8月21日

前言

随着近年来“城市行走”在上海的不断升温，“上海老建筑”一词已越发成为大众关注的焦点。每当周末或是其他节假日，以外滩、南京路、城隍庙、武康路、愚园路等为代表的上海街区总是呈现一派人山人海、摩肩接踵的热闹景象。游客们来到这些上海地标景点休闲娱乐的同时，位于马路两侧的历史建筑自然也成为津津乐道的话题。至此，“建筑可阅读，街区可漫步，城市有温度”的浓郁文化氛围正在上海的各大街区中逐步形成。

乘着这股“城市行走”热潮兴起的东风，自《觅·境——旧时光里的上海滩》《觅·境——上海滩二十四小时》出版后，笔者又继续在“上海老建筑”领域深耕细作，并最终整理汇总成本书，以呈献给喜欢上海的读者朋友们。本书与前面两本书相比在展现形式上有同有异，相同之处是继续从“建筑”角度出发，以“多正史、少戏说”的严谨态度将前两本书中没有详细写过的“上海老建筑”故事介绍给读者，如时下在上海广受关注的“雷士德工学院”“黑石公寓”等；不同之处在于本书中有不少内容都是出自笔者自己的考证结果，如“枕流公筑”“丁香花园”等，澄清了一些以往在上海老建筑领域内的认知误区，在阅读感知上也相较同类书籍更为新鲜有趣，对此上海市静安区文物史料馆馆员陆琰老师给予笔者极大的启发。

那是在《觅·境——旧时光里的上

雷士德工学院

雉》出版后，笔者在与陆琰老师的首次见面与叙谈中，陆琰老师曾向笔者谈及在时下一些上海老建筑的介绍文字中存在“张冠李戴”的情况，这一番话提醒着笔者今后在上海老建筑领域的研究中需持更加认真严谨的态度。以对“丁香花园”的历史考证为例，过去在此类文章的介绍中多会把这幢老洋房描述成“李鸿章或是其子李经迈的住所”，但史实的真相真就如此吗？为此，笔者在现有出版物中查无实据的情况下，亲自前往上海图书馆地方文献阅览室及徐家汇藏书楼花了三个周末下午的时间，通过对《上海市行号路图录》《字林西报行名录》等一手史料进行梳理后，最终找出了李经迈在华山路上的真正旧居“枕流小筑”……这一系列的考证结果也给予笔者极大的信心与动力，故自近年来笔者俨然已成为上海图书馆与徐家汇藏书楼的常客，每当在研究考证时遇到疑惑处，笔者都会前往这些场所，在浩瀚的史料中一探究竟，并将查询出的信息与陆琰老师进行交流。其中有套《字林西报行名录》的史料笔者运用最多，该书详细记录了1941年之前上海大量机构与人物住址的有关信息，对于考证上海老建筑的历史有着非常重要的参考价值，笔者也十分高兴能将这部“考证秘籍”推荐给对上海老建筑有更深入研究兴趣的读者们。

另外，本书在文字内容上也较之前两本书更为精炼，更适合于“城市行走”爱好者随身携带、随时查阅，希望本书能进一步助推“城市行走”在上海持续升温，让越来越多喜爱上海的朋友们在行走中阅读沪上建筑，在体验中感知海派文化。

邱力立

2023年8月20日

目 录

第一章
城市地标“大巡礼”

老城厢：上海的“城市之根”

徐家汇：海派文化的重要源头

外滩：万国建筑博览会

南京东路：曾经用红木铺成的马路

淮海中路：东方的圣彼得堡

金陵东路：昔日商铺林立的“骑楼一条街”

四川北路：忆往昔文人墨客汇聚之地

武康路：网红街区背后的传奇往事

愚园路：弄堂深深、百年芳华

江湾五角场：一个远去都市计划的背影

龙华镇：钟声响起在那桃花盛开的地方

兰溪路：上海第一个工人新村的回忆

朱家角镇：大都市也有江南水乡

莫干山路：从“工业锈带”到“生活秀带”的蜕变

南京西路：繁华街区中的流金岁月

老城厢：上海的“城市之根”

30秒游览

上海地区古时称“华亭”或“云间”，在宋代历史文献中开始出现“上海”这一地名，据说是得名于一条名为“上海浦”的河流。元代至元年间，上海正式设县。

“厢”一字多义，指建筑中正房两侧的房屋，也指城外靠近城墙的地区。明代嘉靖三十二年（1553年），上海县为抵御倭寇来犯建造城墙后，上海也因此有了“城厢”的概念。简而言之，“城厢”即指城内与城外人口集中居住的区域。

位于黄浦区的人民路与中华路是两条颇具特色的马路。与其他东西、南北走向的马路不同，若从高空俯视，这两条路会呈现出一个首尾相连的椭圆形，这其实就是当年的城墙所留下的痕迹。进入20世纪10年代后，为城市发展考虑，城墙开始拆除。北半部于1913年6月拆除后被辟筑成“民国路”，即现“人民路”；南半部于1914年底拆除后被辟筑成“中华路”，环形马路就此形成。另位于现人民路大境路口的大境阁所在城墙段因当年“拆城筑路”时被作为“城壕事务所”的关系被保留了下来，为后来的人们定格下这段珍贵的历史记忆。

由于“老城厢”曾长期作为县治所在地，故而也造就了它丰厚的历史人文底蕴。上海著名的城隍庙、豫园、文庙等景点均位于老城厢，每年慕名来到这些景点赏玩的各地游客络绎不绝。

3秒钟速览

老城厢位置约为上海市原南市区区域，2000年并入上海市黄浦区。

3秒钟扩展

昔日上海的老城墙上曾有“殿、台、楼、阁”，“殿”即是如今位于人民路大境路口大境阁中的“关帝殿”（也称“大境关帝庙”）；“台”原指位于城墙北面的“振武台”（也写作“镇武台”），曾供奉有“真武大帝”；“楼”原指“万军台”上的“丹凤楼”，曾供奉有“天妃娘娘”；“阁”原指“制胜台”上的“观音阁”，“楼”与“阁”均位于原城墙的东北侧。

3分钟科普

城隍庙：位于上海市黄浦区方浜中路249号，供奉有霍光、秦裕伯两尊上海城隍。抗日战争时期也曾将民族英雄陈化成像移入庙内，于是便有了“一庙三城隍”的说法。

豫园：位于上海市黄浦区福佑路16号，原为明代官员潘允端的私家花园，是上海老城厢中唯一一处保存较为完好的古典园林，与曾位于老城厢中的露香园、日涉园并称为“明代上海三大名园”。

文庙：位于上海市黄浦区文庙路21号，是祭祀孔子的地方，也被称为“孔庙”或“夫子庙”，曾是上海地区的最高学府及教育领导机构。

老城厢1
老城厢2
老城厢3
老城厢4
大境閣
老城厢5

徐家汇：海派文化的重要源头

30秒游览

徐家汇原为蒲汇塘、肇嘉浜、李漎泾三水汇合处，因明代著名科学家、政治家徐光启得名，是海派文化的重要源头之一。

徐光启出生于上海城南太卿坊，故居位于上海市原南市区乔家路234—246号，俗称“九间楼”，现徐家汇地区曾是他为父丁忧守制期间从事农业试验与著书立说之地。期间徐光启结合“西学”曾撰写《甘薯疏》《种棉花法》《测量异同》《勾股义》等著作，开启该地区“中学西传”与“西学东渐”的进程。徐光启去世后，徐氏族人汇居于此，由此这里开始被称为“徐家汇”。

在徐光启身上，不仅能看到他作为一名科学探索者的孜孜不倦，更能品读到他身为一名中国传统士大夫的心怀天下。明代晚期内忧外患不断，民不聊生。徐光启为天下百姓计，运用他在《甘薯疏》等著作中的研究成果，在桑园（大致为现桑园街）与露香园一带开辟试验田尝试种植高产作物。结果在甘薯的种植试验中取得巨大成功，为缓解明代晚期的饥荒起到了一定作用。时至今日，甘薯种植已遍布全国各地，此间亦有徐光启的一份功劳。

上海开埠后，天主教在徐家汇设立教区，传教士们来到这里建造起观象台、藏书楼、修道院、圣母院、教堂、学校等，其中有部分建筑保留至今。

3秒钟速览

徐家汇位于上海市徐汇区，为华山路、衡山路、肇嘉浜路、漕溪北路、虹桥路等五条路的交叉之地及周边。

3秒钟扩展

位于上海市虹桥路68号的上海市徐汇中学原名“徐汇公学”，创办于1850年，曾是上海最早的教会学校之一。办学理念倡导“崇尚科学、文理兼通、中西贯通、多彩发展”，被称为“西学东渐第一校”，著名教育家马相伯曾担任该校校长。学校主体建筑“崇思楼”建造于1917—1918年，外墙以水磨红砖与花岗石为主材料构成，加之多根科林斯式立柱的衬托，使整幢建筑显得大气美观。

3分钟科普

徐家汇天主堂：位于上海市徐汇区蒲西路158号，又称“圣依纳爵堂”，1906—1910年建造，由道达尔设计，为哥特式风格。

徐家汇藏书楼：位于上海市徐汇区漕溪北路80号，北楼建于1897年，为两层双坡顶砖木结构建筑；南楼建于1867年，几经改建，于1931年定为四层坡顶的外廊式建筑。

徐家汇圣母院：位于上海市徐汇区漕溪北路201号，现存部分建造于1926—1929年，带有巴洛克式建筑风格。

徐家汇观象台：位于上海市徐汇区蒲西路166号，建造于1900年，罗马式建筑，曾誉为“远东气象第一台”。

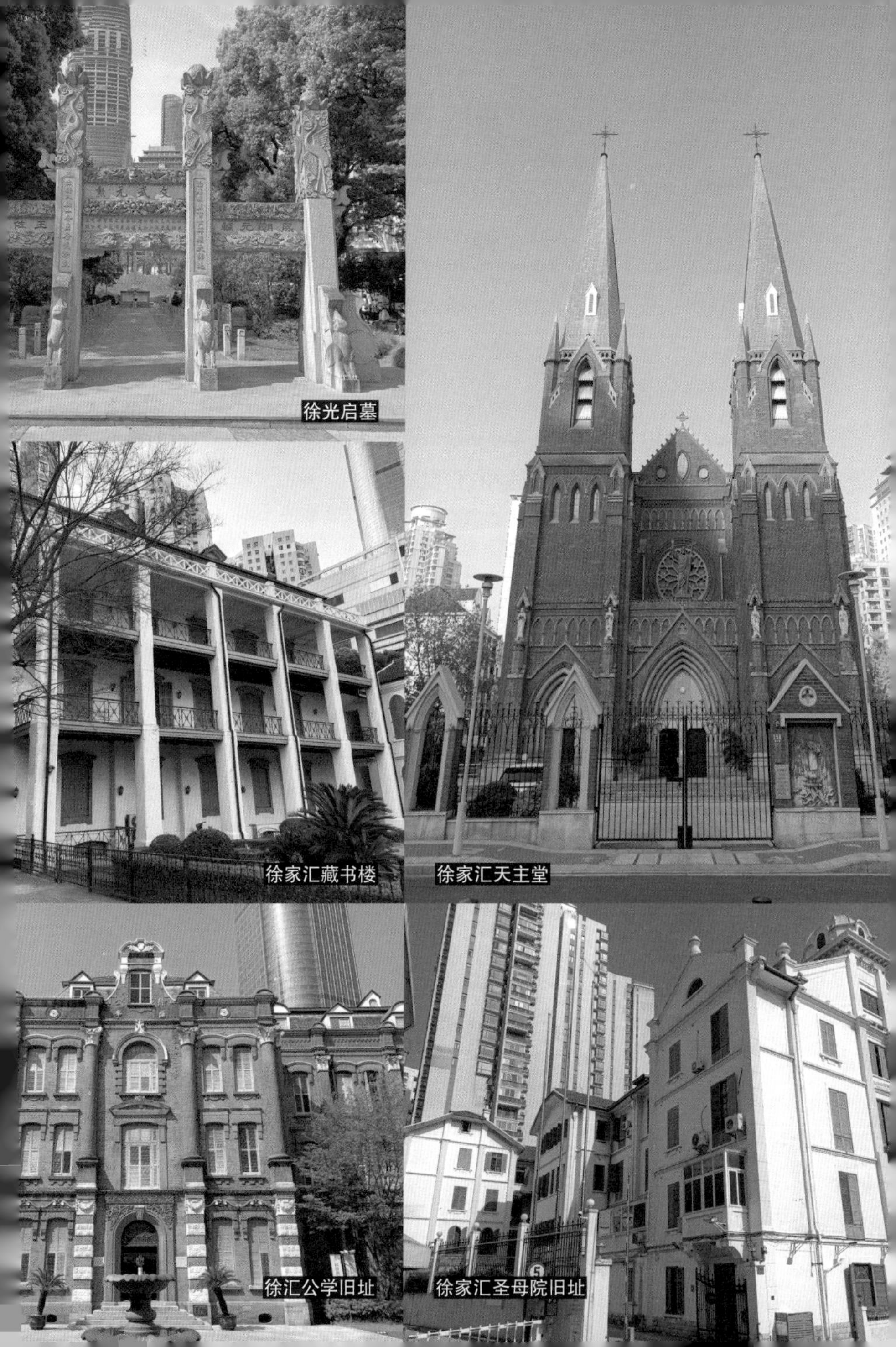
徐光启墓
徐家汇天主堂
徐家汇藏书楼
徐汇公学旧址
徐家汇圣母院旧址

外滩：万国建筑博览会

30秒游览

外滩紧邻黄浦江，因在上海方言中习惯把河流上游称为“里”，把河流下游称为“外”，故位于黄浦江下游的这片区域也就称为“外黄浦滩”，这就是“外滩”称呼的由来。

上海开埠后，外商纷至沓来，带有外廊式风格的建筑首先在外滩出现。这些建筑源于西方人在南亚热带气候下的生活经验，一般都拥有面积较大的外廊空间，可以兼做室外的客厅、餐厅或其他活动空间使用。但随着时间的推移，当西方人认识到上海的气候与南亚地区的气候存在较大差异后，外廊式风格就渐渐淡出了外滩的建筑舞台。

进入20世纪后，更多古典主义元素渗入外滩建筑的细节之中，如有着“从苏伊士运河到远东白令海峡间最美建筑”之称的上海汇丰银行大楼（现浦东发展银行大楼）便其中的佳作。至20世纪20年代后期，新古典主义风格的建筑已在外滩开枝散叶。

20世纪20年代末以后，强调线条与图形结合的装饰艺术派建筑在上海兴盛起来。加之当时钢筋混凝土等技术的不断成熟，以沙逊大厦（现和平饭店）、中国银行大楼为代表的装饰艺术派建筑为外滩这个“万国建筑博览会”再添靓丽色彩，同时也助推了上海的建筑高度。

近年来，随着外滩“第二立面”城市更新项目的推进，在外滩临江建筑的背后，又有一批老建筑在修缮后得到“华丽转身”。这些老建筑展现了上海城市的神韵魅力，也为市民和游客打开一片“阅读建筑”的崭新空间。

3秒钟速览

外滩位于上海市黄浦区境内，约为现中山东一路、中山东二路及周边区域，有“万国建筑博览会”之称。

3秒钟扩展

在留存至今的外滩老建筑中，有将近三分之一都是出自公和洋行的设计，建筑师威尔逊在其中发挥了重要作用。自从由他设计的上海第一幢采用钢框架结构的天祥洋行大楼（后改称“有利大楼”）于1916年在外滩竣工后，公和洋行从此声名鹊起，并先后在外滩设计建造了麦加利银行大楼（1923年）、汇丰银行大楼（1923年）、海关大楼（1927年）、沙逊大厦（1929年）、中国银行大楼（1937年）等建筑。

3分钟科普

黄浦江：长江下游支流，主要发源于淀山湖，到吴淞口后注入长江，是流经上海的最大河流，有“上海的母亲河”之称。

新古典主义：将古典主义中的繁杂装饰经过简化，并与现代材质相结合，呈现出古典而简约的新风貌。

装饰艺术派：起源于1925年在巴黎举办的装饰艺术和现代工业国际博览会，体现在建筑外立面以对称的几何图形与线条装饰为主要特色。

外滩万国建筑博览会1

外滩万国建筑博览会2

外滩原有利大楼

外滩原汇丰银行大楼

外滩原麦加利银行大楼

南京东路：曾经用红木铺成的马路

3秒钟速览

南京东路位于上海市黄浦区境内，东起中山东一路外滩，西至西藏中路，是上海著名的商业街与步行街。

3秒钟扩展

虽然“哈同红木铺路”的故事纯属子虚乌有，但纵观南京东路的发展史，哈同却是一位无法绕开的人物。19世纪末哈同开始把目光投向当时还相对冷清的南京路。商业嗅觉灵敏的他认为：“南京路居虹口、南市之中，西接静安寺，东达黄浦，揽其形胜，实为全市枢纽，其繁盛必为沪滨冠”，于是便大量低价购进南京路两侧的地产，数年后南京路如哈同所推测成了上海最为繁华的街道之一。

30秒游览

南京东路始筑于1851年，初以路旁原有抛球场被称为“花园弄”，1865年正式改名为南京路，也称“大马路”，1945年再改名南京东路至今。

在众多有关南京东路的掌故中，“哈同红木铺路”的故事流传甚广。大意是说：地产富商哈同在购得南京路两侧大量地产后，为进一步提升南京路的地价，于是便出巨资从国外购得大量铁藜木块用于铺设南京路路面。

这则故事并非是历史的真相，从上海市档案馆编《工部局董事会会议录》中的记载来看，“红木铺路”实则是为应对电车开通而采取的必要配套措施。如据1899年10月18日的《工部局董事会会议录》记载：“汉口路和九江路居民的抗议书已交到会议，他们的意见是不要让电车通过这些街道”；又据1909年8月11日的《工部局董事会会议录》记载：“会上提交了由广东路上许多商店和商行签名的请求书，提到电车线路对他们的营业造成的不良影响，希望取消这条线路”。上述记载中的马路均在南京路附近，因此，为了减轻电车驶过后给周边住户所带来的振动和噪声，相对坚硬耐磨且又外表平整的高级硬木开始在一些电车所经过的主要路段上被尝试使用起来。

1911年2月，28万块硬木运抵上海，经过检查与涂抹柏油，于3月初在南京路及浙江路以西路段铺设路面。由于当时哈同已成为南京路最大的业主，因此一则“查无实据”的传说开始在街头巷尾流传开来，行人们纷纷议论着“这些铁藜木块的铺设是源自哈同的一个地产炒作计划”。

3分钟科普

哈同：1851—1931，犹太地产富商，曾是南京路地产最大的拥有者，投资建造了许多以“慈”字为名的地产，如今位于上海市延安中路1000号的上海展览中心地块过去曾是他的私家花园“爱俪园”。

工部局：清末列强在中国设置的上海公共租界的行政管理机构，因当时人们认为其职能与传统中国官制的“工部”颇为相似，故将其翻译为“工部局”。

南京东路1
南京东路2
南京东路3
南京东路4
南京东路5

淮海中路：东方的圣彼得堡

30秒游览

淮海中路始筑于20世纪初，历史上曾用名先后有西江路、宝昌路、霞飞路、泰山路、林森中路等，1950年改名淮海中路至今。

虽然当年上海法租界当局在规划霞飞路时参照的是法国香榭丽舍大街的功能标准。但随着20世纪20年代大批俄侨进入上海，大量由俄侨开设的商店开始出现在霞飞路上，其中尤以马斯南路（现思南路）至善钟路（常熟路）段最为集中。据许洪新著《从霞飞路到淮海路》一书中的记述："仅1926—1928年间，就有100多家俄侨商店在霞飞路上开张，其中服装店30家、百货店近20家、食品店10家，还有多家大型糖果店，众多的咖啡馆……"浓郁的斯拉夫生活气息使得霞飞路也逐渐有了"东方圣彼得堡""东方涅瓦大街"的称号。或许是由于法、俄两国在贵族文化上的历史渊源，这些俄侨所带来的异国风情也在较短时间内就融入当时的法租界社区，甚至影响着后来上海市民的生活方式。如从"俄式红菜汤"演变而来的"罗宋汤"至今仍是多数上海家庭餐桌上一道常见的美味佳肴。

此外，多国文化的相互碰撞与融合也铸就了淮海中路上各式建筑林立的奇观。从法国文艺复兴风格的武康大楼（原诺曼底公寓），到装饰艺术派的培文公寓（原培恩公寓），淮海大楼（原恩派亚公寓），再到现代主义风格的淮海公寓（原盖司康公寓），各类建筑在这条马路上应有尽有，从而也形成了一道各式建筑风格交相辉映的建筑长廊。

3秒钟速览

淮海中路跨上海市黄浦、徐汇两区，东起西藏南路、西至华山路，是与南京东路齐名的商业街。

3秒钟扩展

作为一道独特的景观，淮海中路及其周边地区的"法国梧桐"一直以来都被人们所津津乐道。但实际上，这些树木既不是产自法国，也不属于梧桐。梧桐在我国自古有之，古时就有"凤凰非梧桐不栖"的传说。而这些"法国梧桐"的学名则是悬铃木，只是因为20世纪初法国人将此树种引入中国并栽种于上海法租界内，且悬铃木的长相又与梧桐相似，故而也就被传为"法国梧桐"。

3分钟科普：

宝昌：生卒不详，法国人，19世纪后期至20世纪初曾多次担任法租界公董局总董。

霞飞：1852—1931，法国军事家，曾在第一次世界大战中第一次马恩河战役率领法军击退德军的进攻。

林森：1868—1943，中国同盟会元老，曾出任中华民国国民政府主席。

涅瓦大街：俄罗斯圣彼得堡最热闹最繁华的街道之一。

淮海中路1
淮海中路2
淮海中路3
淮海中路4
淮海中路5

金陵东路：昔日商铺林立的“骑楼一条街”

30秒游览

金陵东路辟筑于19世纪60年代初，因其东侧曾有法国领事馆，故旧称“公馆马路”，法租界公董局、会审公廨、巡捕房等都曾位于这条马路上。后来随着公馆马路上各类店铺的日益增多，从而促成了该区域的商铺林立，公馆马路也因此多了一个“法大马路”的俗称，1945年改名为“金陵东路”至今。

1936年，“上海三大亨”之一的黄金荣原本想在公馆马路鸿运楼操办他的七十大寿，却不想前来拜寿的客人数以千计，单靠鸿运楼寿宴实在是摆不下了，于是寿宴又摆到了“大世界”。此事轰动了当时的上海滩，鸿运楼也借势“身价倍增”，公馆马路从此更加热闹了。

骑楼是一种较为独特的建筑形式，因其将建筑物底层打通以作为行人走廊，上面的楼层则犹如“骑”在底层之上，故被称为“骑楼”。因骑楼建筑形式在中国的闽粤地区较多，因此曾有说法称“金陵东路骑楼是由于过去这里多闽粤商人而形成的”。实则不然，据上海市黄浦区档案局（馆）组编《印象·八仙桥》一书中所述：“20世纪20年代，公馆马路车水马龙，日益拥挤，路幅显窄，但若再拓宽就需拆除两侧房屋，要使拥有土地房产之业主出让绝非易事。1923年，法租界公董局决定将公馆马路人行道纳入车行道，宽度不得少于12米，沿街房屋改建为拱廊式骑楼，底层辟出宽3米，高7.5米的通道供行人通行。”由此可见，拓宽马路才是金陵东路形成“骑楼一条街”的主要原因。

3秒钟速览

金陵东路位于上海市黄浦区境内，东起中山东二路外滩，西至西藏南路，以骑楼遍布而闻名。

3秒钟扩展

“恒源祥”绒线号曾是金陵东路一带最为知名的商号之一。1935年它的创始人沈莱舟来此选择店址时“坐南朝北”的故事流传甚广，对此沈莱舟认为：“顾客前来购买绒线大多是为了遮风避寒的，如果店面朝南，阳光灿烂，不适合做绒线生意，只有店面朝北，生意才会兴旺。”沈莱舟的这一妙笔从一开始就为他的恒源祥奠定了迈向成功的基础。

3分钟科普

公董局：旧上海法租界的市政管理的最高机构，职能与公共租界工部局相似。

会审公廨：也称会审公堂，公共租界与法租界内设立的一种为审理和裁判华人或华洋之间诉讼而设立的特殊机构。

黄金荣：1868—1953，旧上海帮会头目，与杜月笙、张啸林并称为“上海三大亨”。

大世界：上海著名的游乐场所，创办人黄楚九，以“哈哈镜”等游乐设施而闻名，1931年时黄金荣曾获得其经营权。

金陵东路1

金陵东路2

金陵东路3

金陵东路4

金陵东路5

四川北路：忆往昔文人墨客汇聚之地

30秒游览

四川北路旧称“北四川路”，因紧邻四川路（现四川中路）以北得名。北四川路始筑于19世纪后期，原是公共租界“越界筑路”的产物。20世纪初，租界当局以方便交通，有利租界管理等事宜为由，越过边界（现武进路）将北四川路逐渐延伸至现鲁迅公园一带，继而又在该路两侧修筑了施高塔路（现山阴路）、狄思威路（现溧阳路）、黄罗路（现黄渡路）等多条道路，初步形成现四川北路街区的雏形。

因当年的北四川路为“越界筑路”，租界与华界区域概念模糊且地价相对低廉，故而该片区也成为当时上海思想最为活跃的区域之一。鲁迅、茅盾、丁玲、叶圣陶、郭沫若等文化名人都曾在此留下过生活的印记，为这条道路增添了不少浓郁的人文气息。

此外，当年的北四川路周边也曾是日本侨民的聚居地。1895年中日甲午战争中日签订《马关条约》后，日本开始在中国的通商口岸投资办厂，由此带动大批日侨陆续来到上海并选择在虹口定居。加之1923年日本邮船公司开设了长崎至上海的航线，日本抵沪侨民更是逐年增多，并在横浜桥以北的北四川路周边逐渐形成日侨高级住宅区。与鲁迅先生结下深厚友谊的日本友人内山完造就曾居住在毗邻北四川路的千爱里，位于现四川北路山阴路口的“鲁迅与内山纪念书局”（原内山书店）曾是他们时常相聚的地方。

3秒钟速览

四川北路位于上海市虹口区，南起苏州河四川路桥，北至鲁迅公园，是上海著名文化旅游街区。

3秒钟扩展

由内山完造创办的内山书店曾位于现四川北路山阴路口，自从鲁迅先生于1927年来沪后，他便成为这家书店的常客。据统计，在鲁迅生命最后的十年中，他曾去内山书店500余次，购书1000种以上，书店见证了二人深厚的友谊。1935年11月，内山完造的随笔集《活生生的中国》出版，鲁迅为此书专门作序，对此内山曾回忆说：“承蒙鲁迅先生为我写了序文，这真是天下最好的序文，当时我高兴的简直像一步登天了。”

3分钟科普

越界筑路：上海公共租界在租界以外修筑马路。

鲁迅公园：原为工部局兴建的靶子场，20世纪20年代初改称“虹口公园”，1988年改名“鲁迅公园”至今。

虹口：地名，初称“洪口”，据明代《万历上海县志》记载：“在下海浦附近有称之沙洪、北沙洪、穿洪的河流，在三沙洪的地方汇流”，洪口因此得名。

千爱里：位于山阴路2弄与四川北路2044—2058号街面，原名“樱木巷”，约1928年建造，日式里弄住宅区，最初住户多为日本侨民。

四川北路1
四川北路2
四川北路3
四川北路4
上海亞一金店
四川北路5

武康路：网红街区背后的传奇往事

30秒游览

武康路旧称“福开森路”，有关该路的由来据1924年出版陈伯熙著《上海轶事大观》中称：“该路系美国福开森先生所建筑。先生于西历一八九七年游历中国，道经沪上，为南洋公学（交通大学前身）督办盛杏荪（盛宣怀）聘为该校监院。先生以南洋公学附近交通不便，乃独捐银筑马路一条。造成后，初无确实名称，后经该处居民即以先生之名为路名，谓之曰福开森路。”1914年，福开森路被划入法租界，因此该路也成为当时上海法租界内为数不多以美国人名字来命名的马路，1943年福开森路改名为武康路至今。

武康路两侧各式老建筑林立，风格涵盖英国都铎复兴风格、法国文艺复兴风格、西班牙风格、装饰艺术派、现代主义风格等。其中位于武康路淮海中路口的武康大楼（旧称“诺曼底公寓”，也称“万国储蓄会公寓”）以其独特的熨斗造型，如今已成为“网红界的翘楚”，每当周末或是节假日，慕名而来争睹其风采者络绎不绝。鲜为人知的是，武康大楼也曾是一幢“谍影重重”的公寓，据胡皓磊、苏智良《佐尔格小组在上海的足迹》一文中所述：“史沫特莱居住在万国储蓄会公寓期间，依然为配合佐尔格的工作而收集情报，佐尔格和尾崎秀实也会来公寓内结交新友”。文中提到的佐尔格有“谍王”之称，后来曾为苏联统帅部提供有关德军侵略计划和日本军国主义者在远东企图等重要情报。

3秒钟速览

武康路位于上海市徐汇区，北起华山路，途经安福路，南接淮海中路，是上海著名“网红街区”。

3秒钟扩展

20世纪50年代后，不少文艺界知名人士开始成为武康大楼的住户。住户中有导演郑君里、表演艺术家赵丹，更有“神仙眷侣”孙道临王文娟夫妇，夫妇俩在结婚前就与武康路结缘，孙道临曾居住于武康路上的密丹公寓，而王文娟也曾居住在距离武康路不远处的枕流公寓，两位艺术家在孩子出生后搬入武康大楼，从此成就了这幢公寓的一段佳话。

3秒钟科普

盛宣怀：1844—1916，晚清洋务派官员，有“中国实业之父”“中国商父”“中国高等教育之父”等美誉。

史沫特莱：1892—1950，美国著名记者，在上海期间曾与鲁迅等文化名人建立深厚友谊。

武康路（密丹公寓）

武康路（武康大楼）

武康路1

武康路2

武康路3

武康路4

愚园路：弄堂深深、百年芳华

3秒钟速览

愚园路跨上海市静安、长宁两区，东起常德路，西至中山公园，是一条各式弄堂密布、名人旧居汇集的马路。

3秒钟扩展

“新式里弄”是愚园路上最为常见的建筑样式，接近于现在的“联排别墅”。新式里弄兴起于20世纪20年代，与石库门里弄相比整体样式更为“西化”，弄堂也更为宽阔。之前石库门中的天井被小花园取代，水、电、卫生设备也较石库门更为齐全，优质的新式里弄住宅里还会安装煤气或热水汀等设施。愚园路上著名的新式里弄有：愚谷邨、涌泉坊、文元坊、愚园新村、岐山村等。

30秒游览

愚园路的历史起始于太平天国时期。1860年，为应对太平军的进攻，清代上海道台在静安寺北面修筑了一条未取名的军路，即如今愚园路最东侧的一段。1911年，这段道路被划入公共租界并以其东端赫德路（现常德路）一座私人花园宅第“愚园”命名，这就是愚园路最初的来历。之后公共租界当局通过“越界筑路”不断将愚园路拓展延伸，至1918年时基本形成现在的规模。

由于静安寺以西段的愚园路为“越界筑路”，故而当时该片区的地价相对公共租界与法租界而言是比较低廉的，因此地产商们“闻香而动”，开始纷纷来到愚园路投资兴业。不少中产阶级乃至富裕人家也因其相对优惠的房租选择在此安家生活，“弄堂深深”的愚园路大概就从此时开启。曾经在这里居住过的各界名人有科学家钱学森、教育家蔡元培、影星周璇、金融家陈光甫、大夏大学校长王伯群等，他们的故事铸就了愚园路的百年芳华。

此外，由于“越界筑路”的特殊性，抗日战争时期的愚园路也一度成为“谍战热土”，在位于愚园路749弄这片至今仍颇为神秘的弄堂内，周佛海、李士群、吴四宝等汪伪政府汉奸曾居住于此，许多谍战故事因此而流传开来。

3秒钟科普

静安寺：位于上海市静安区南京西路1686号，上海著名古刹，相传始建于三国孙吴赤乌年间。

钱学森：1911—2009，中国航天事业的奠基人，“两弹一星功勋奖章”获得者。

周璇：1920—1957，老上海著名影星、歌星，代表作品有电影《马路天使》《孟姜女》，歌曲《天涯歌女》《夜上海》。

陈光甫：1881—1976，上海商业储蓄银行主要创办人，有“中国摩根”之称。

愚园路749弄

愚园路陈光甫旧居

愚园路街景1

愚园路钱学森旧居

愚园路街景2

江湾五角场：一个远去都市计划的背影

3秒钟速览

江湾五角场位于邯郸路、四平路、黄兴路、翔殷路、淞沪路五条马路交叉之地及周边，地处上海市杨浦区境内。

3秒钟扩展

位于上海市杨浦区长海路168号的上海长海医院内，也有多幢“大上海计划”时期所留存下来的建筑，它们分别是旧上海市博物馆、旧上海市立医院、原中国航空协会大楼。其中原中国航空协会大楼从上空俯瞰其形象颇似一架起飞在即的飞机，象征了当时振兴航空事业的殷切期望。另博物馆与位于上海市杨浦区黑山路181号的旧上海市图书馆（现杨浦区图书馆）造型仿照北京钟楼、鼓楼设计，将中国古典建筑的魅力融汇其中。

30秒游览

在位于江湾五角场一带矗立着一片有着浓郁中国风的庞大建筑群，行走其间，不免会让人产生一种置身于“古都建筑之林”之感。而在这些建筑背后还隐藏着一个闻名一时但却昙花一现的“大上海计划”。

1929年7月，随着当时的上海特别市政府在会议上通过建设大上海市中心区域的决议后，“大上海计划”正式拉开了序幕。考虑到当时上海的中心区域已多被外国人辟为租界，且南市、闸北两块华界已无太大拓展空间等缘故，该计划将发展的中心定在了位于上海东北的江湾地区，如今在五角场一带能看到的许多史迹就是在那场“造城运动”中所遗留下来的。

当年的“大上海计划”所涉及领域众多，基本涵盖了商业、工业、港口、交通、住宅等各大板块，后来由于抗日战争爆发等原因多“中途夭折”，但以旧上海市政府大楼为代表的多幢大型建筑有幸在战火中保存了下来。作为当年该片区中的核心建筑，落成于1933年的旧上海市政府大楼自1929年10月起就开始征集设计方案，至次年2月在众多应征设计图中评选出一、二、三等奖和五名附加奖。一等奖由赵深与孙熙明的合作方案获得，后董大酉在综合得奖方案的基础上进行了完善，1935年4月3日上海首届集体婚礼就是在这里举行的，此楼现为上海体育大学使用。

3分钟科普

赵深：1898-1978，中国建筑家，曾于李锦沛范文照合作设计仙桥青年会大楼后与陈植、童寯成华盖建筑师务所。

董大酉：1899-1973，中国建筑程师，曾负责设“大上海计划”大量公共建筑，图书馆、博物馆运动场等。

曹家渡五角场位于长寿路、宁路、长宁支路万航渡路、万航后路五条马路交之地，曾是上海一处被称为“五场”的地方。

旧上海市博物馆

旧上海市图书馆

旧上海市政府大楼1

旧上海市政府大楼2

原中国航空协会大楼

龙华镇：钟声响起在那桃花盛开的地方

3秒钟速览

龙华镇位于上海市徐汇区，曾是江南著名古镇之一，以龙华寺与龙华塔而闻名。

3分钟扩展

龙华庙会是上海地区最具影响力及历史最悠久的民俗活动之一，据说在明代时就已形成规模。相传农历三月初三为弥勒菩萨化身布袋和尚涅槃重生日，且龙华寺以弥勒菩萨的事迹而得名。故每年农历三月初三前后，龙华寺内香客不断，而寺外则商贩云集。后来庙会随着规模与影响力的扩大，时间也由原本的农历三月初三延长到了农历三月十五。

30秒游览

据《弥勒下生经》《法苑珠林》等记载，“龙华”一词为佛家语，典出：“弥勒早年在兜率天内院修行，经五十六亿七千万年降生人世，坐于华林园龙华树下为佛。”而龙华寺正是弥勒菩萨的道场。有关龙华寺与龙华塔的始建年代至今尚无统一说法，主要有①龙华寺与龙华塔均始建于三国孙吴赤乌年间；②龙华塔始建于三国孙吴赤乌年间，龙华寺始建于唐代垂拱年间；③龙华寺与龙华塔均始建于五代吴越钱俶时期。

上海从明代万历年间起就有“沪上八景”之说，至清代，龙华晚钟与江皋霁雪、黄浦秋涛、吴淞烟雨、石梁夜月、凤楼远眺、海天旭日、野渡蒹葭共同位居“沪上八景”之列，清代文人李行南在《申江竹枝词》中曾对此景有写道：“三月十五春色好，游踪多集古禅关。浪堆载得钟声去，船过龙华十八湾。”描绘了当时三月间人们相聚于龙华镇且在不远处响起龙华钟声的景象。

除了文化昌盛外，历史上的龙华地区同样也以物产丰饶而著称，其中尤以棉花与水蜜桃二物最负盛名。棉花的盛产曾推动了龙华地区纺织业的发展，历史上的“龙华稀布”以细洁光滑而闻名，曾长时期行销沪上。龙华地区的水蜜桃自然与龙华地区的桃花有着密不可分的关联，但有关于它的来源也有着不同的说法，有说是由徐光启之子徐龙与从北方引种而来，也有说是来源于明代顾氏家族露香园的遗种，说法不一。

3秒钟科普

露香园：遗址位于现露香园路一带，曾与豫园、日涉园合称为“明代上海三大名园”。据说因在建园时挖出一块元代书画家赵孟頫篆书“露香池”的石头而得名，后来对苏绣、湘绣、粤绣、蜀绣“中国四大名绣”产生过影响的“顾绣”也是从露香园发端的。

龙华寺1

龙华寺2

龙华寺3

龙华寺4

龙华塔

兰溪路：上海第一个工人新村的回忆

3秒钟速览

兰溪路位于上海市普陀区，东起曹杨路，呈现半环形走向，途经上海第一个工人新村“曹杨新村”。

3分钟扩展

在曹杨新村初具规模后，新村周边的各项生活配套设施也相继建立起来。1952年6月，第一条开进工人新村的公交线路开辟，同时，曹杨新村第一家商店开业；1952年8月，全市最早的工人新村幼儿园和小学建成开学；1952年10月，曹杨新村文化馆动工开建；1953年4月，全市首家工人新村卫生所建成；1954年5月，“曹杨公园”落成……这些设施在为曹杨新村居民提供便利的同时也提升了他们当时的生活质量。

30秒游览

曹杨新村是20世纪50年代后上海市政府为改善工人住房问题所建造的第一个工人新村。新村第一期工程（曹杨一村）于1952年5月竣工，位于兰溪路及北侧的花溪路、棠浦路一带，处在后来整个曹杨新村的中心位置。当时共建成两层（20世纪60年代初又普遍加盖一层）楼房48幢、167个单元、1002户。最初的居住者多为当时的劳动模范或技术能手，包括杨富珍、裔式娟在内的114位劳动模范和先进生产者代表有幸成为曹杨新村的首批住户。

曹杨一村由著名建筑师汪定曾主持设计建造，将美国社会学家克拉伦斯·佩里的“邻里单位”理论融入对于新村的设计理念之中，并结合沪上花园洋房和新式里弄住宅的布局和规划，楼与楼之间都留有一定的公共空间并种植绿化，使得整个社区设计更为人性化、科学化、美观化。再加之后来新村周边各项配套设施的日益完善，当时的曹杨新村一度成为全国上下万众瞩目的“示范型住宅区”，曾接待过各界访问代表与参观团体。

在此之后，被称为“两万户”的工人新村在上海被兴建起来，其中就有位于兰溪路两旁的曹杨二村至六村。

曹杨新村的建造，在20世纪50年代工人新村的起步阶段中起到了示范引领的作用。尤其是对于当时较早入住进新村的工人群众而言，他们从之前的棚户区、“滚地龙”搬到相对宽敞明亮的居住环境中，欣喜之情发自肺腑。

3秒钟科普

邻里单位：为适应现代城市因机动交通发展而带来的规划结构的变化，改变过去住宅区结构从属于道路划分而提出的一种新的住区规划理论。

两万户：1952年月，上海市政府决定建造大批工人住宅，因这批住宅供两万户家庭居住，故“两万户”因此得名。

滚地龙：用泥土、竹片、茅草等混合搭成的简陋窝棚

兰溪路（曹杨一村）1

兰溪路（曹杨一村）2

兰溪路（曹杨一村）3

兰溪路街景1

兰溪路街景2

朱家角镇：大都市也有江南水乡

30秒游览

江南水乡流传有“南周庄、北周庄，不及朱家一只角”的说法，有着“上海威尼斯”之称的朱家角镇在宋元时已形成集市。初名“朱家村”，至明代万历年间正式建镇，名为“珠街阁”，又称珠溪；清代嘉庆年间编纂的《珠里小志》中又把镇名定为“珠里”，俗称“角里”，后又被称作珠街、珠家角、朱家角。宋如林在《珠里小志》序言中有写道：“今珠里为青溪一隅，烟火千家，北接昆山，南连谷水，其街衢绵亘，商贩交通，水木清华，文儒辈出。”由此可见当年朱家角镇的繁华，清代“吴中七子”之一的王昶便是朱家角人。

朱家角镇以其得天独厚的自然环境及便捷的水路交通，自清代后便商贾云集。曾以标布业闻名江南，号称“衣被天下”，并由此带动米业、渔业、油业等行业的兴盛，遂成为“江南巨镇”。横跨于镇首漕港河上的放生桥始建于明代隆庆年间，有“沪上第一桥”的美誉。

虽为江南水乡，但朱家角镇的老建筑中也不乏中西合璧的特点。如位于课植园内的藏书楼和塔楼，融合中西，构思精巧；又如近代著名报人、申报馆主人席裕福的席氏厅堂、童天和国药号、大清邮局的门头和建筑，也融都入了西洋风格。这些为浸染在江南文化中的朱家角镇又增添了别样的风采。

3秒钟速览

朱家角镇位于上海市青浦区中南部，西临淀山湖，是江南著名古镇之一。

3分钟扩展

在上海的市郊还留存着不少类似朱家角镇的江南古镇，如位于松江区的泗泾古镇、嘉定区的南翔古镇、金山区的枫泾古镇、闵行区的七宝古镇、浦东新区的新场古镇和周浦古镇、奉贤区的清溪古镇、青浦区的金泽古镇、宝山区的罗店古镇等，不胜枚举。习惯了上海摩登海派的游客们也不妨来到这些古镇游览一番，品味一下深藏在大都市中的江南文化。

3秒钟科普

吴中七子——清代七位著名诗人：文学家钱大昕、曹仁虎、王昶、赵文哲、王鸣盛、吴泰来、黄文莲的并称。

课植园：又称“马家花园”，原为马文卿历时15年，于1912年始建，是一处中西合璧的庄园式私家花园。

朱家角镇1

朱家角镇2

朱家角镇3

朱家角镇4

朱家角镇5

朱家角镇6

莫干山路：从“工业锈带”到“生活秀带”的蜕变

3秒钟速览

莫干山路位于上海市普陀区，东起西苏州路，西至昌化路，北临苏州河，是一条承载着中华民族工业回忆的马路。

30秒游览

莫干山路始筑于1918年，所在地块位于原沪西工业区内，该片工业区起步于19世纪后期。1889年，沪西地区第一家民族工业企业大有榨油厂在现西苏州路1369号地块建成投产，为民族工业在此地的发展拉开了序幕。

1895年中日《马关条约》签订后，随着大量外国资本纷纷进入中国市场投资办厂，民族工业也在“兴实业、挽利权”呼声的感召下乘势而起，沪西工业区遂在这股办厂洪流中逐步形成。之后，由于沪西工业区拥有邻近苏州河航运便利以及地价相对低廉等优势，越来越多的民族工业企业在这片热土上生根发芽并发展壮大。其中知名的有阜丰面粉厂，福新面粉二厂、四厂、八厂及申新纺织第九厂，等等。

1937年抗日战争全面爆发后，由于莫干山路所在地块位于苏州河以南，故而在抗日战争前期受到战争影响较小，各厂依旧维持着日常生产。同时，另有一些受抗日战争影响从国内其他地区搬迁来沪的民族工业企业也选择在莫干山路落地生根。如青岛华新纱厂，于1937年起将部分设备陆续迁至现莫干山路50号，建立信和纱厂，并于1938年4月正式开工生产。

进入21世纪后，位于莫干山路50号内的M50创意园为这条昔日里的“工业锈带”带来了一股艺术清新之风。M50创意园采用“先保护、后开发”的发展模式，在对于园区内原有工业历史建筑进行保护的同时，也融入各类新型文化艺术产业，为这一片老旧工业区注入了崭新的生命活力。

3分钟扩展

2021年岁末，一座“空中花园”——大洋晶典·天安千树在莫干山路西端亮相。这幢建造在原工业旧址上的“悬浮森林”，由英国建筑设计师托马斯·西斯维克以中国黄山与古巴比伦空中花园为灵感设计而成，配以周边苏州河、涂鸦墙、工业历史建筑等景观的衬托，更显大气美观，为莫干山路又添了一段新的上海故事。

3秒钟科普

阜丰面粉厂：由民族实业家孙多森、孙多鑫兄弟创办，以生产“自行车牌”面粉而闻名。

福新面粉厂：由民族实业家荣宗敬、荣德生兄弟创办，以生产“兵船牌”面粉而闻名。

申新纺织厂：由民族实业家荣宗敬、荣德生兄弟创办，以生产“人钟牌”棉纱而闻名。

福新面粉厂旧址

阜丰面粉厂旧址

大洋晶典 · 天安千树

M50创意园1

M50创意园2

南京西路：繁华街区中的流金岁月

30秒游览

始筑于1862年的南京西路初为“越界筑路”的产物，因马路通往静安寺，故旧称静安寺路或涌泉路（旧时静安寺门前有“涌泉”），1945年改名南京西路至今。

19世纪末至20世纪初，随着西藏路（现西藏中路）以西地区人口的增长以及市政建设的发展，以程瑾轩、哈同等为代表的富商巨贾家族开始在静安寺路的两旁及周边置地兴业，自此静安寺路也从昔日里的一条静谧的乡间小道逐步变成热闹的繁华街区。

在20世纪20年代至40年代间，静安寺路已是当时上海最为摩登繁华的街区之一，无论是衣食住行还是休闲娱乐，在当时的静安寺路上已是应有尽有。上海最早的电车从这条马路上驶过，由鸿翔时装公司精心制作的旗袍不断推陈出新并广受时髦女性们的欢迎，影迷们则相约在工作之余去往夏令配克电影院、大光明电影院看上一场“首轮电影”，而“凯司令”的西式餐点与“王家沙”中式点心至今仍是众多游客来到这条马路上的重要理由之一。

在商业兴起的同时，地产商们也开始在静安寺路的两旁建造起各式里弄与公寓住宅。随着静安别墅、大华公寓、花园公寓、平安大楼、爱林登公寓（常德公寓）、愚谷邨等一批中高端住宅的落成，越来越多中产阶级及富裕家庭开始选择在静安寺路安家，从而为这条马路上留下了更多传奇往事。

3秒钟速览

南京西路横跨上海市黄浦、静安两区，东起西藏中路，西至延安西路，是上海摩登街区的代表之一。

3秒钟扩展

如今的南京西路，由恒隆广场、中信泰富广场、梅龙镇广场组成的“金三角”与越洋广场、嘉里中心、1788国际中心、会德丰国际广场、东海广场组成的“金五星”为这条摩登马路的百年繁华注入了崭新活力，已形成上海为数不多、以道路命名的高端商圈——南京西路商圈。

3分钟科普

大光明电影院：位
于上海市黄浦
南京西路216号，
1931—1933年
造，由匈牙利籍
洛伐克裔建筑师
达克设计，曾是
海“首轮影院”
之一。

静安别墅：位于
海市静安区南京
路1025弄（主
直通威海路），
1926—1932年建
的新式里弄住宅，
曾居住于此的各
名人有蔡元培、
右任、郑小秋、
文照、丁季峰、
根宝等。

愚谷邨：位于上
市静安区南京西
1892弄（主弄
通愚园路），19
年建造的新式
弄住宅，曾居住
此的各界名人有
志鹍、魏金枝、
克新、应野平、
莉、凌之浩、周
与其丈夫严华等

GRAND THEATRE
BLUE CAR
常德公寓
大光明电影院
花园公寓
静安别墅
平安大楼
愚谷邨

第二章
五湖四海的来客

雷士德工学院：一位英国老人在上海的遗愿

黑石公寓：中华民国时期上海的精品酒店

老天主堂：抗日战争中的“生命防火墙”

上海自然科学研究所：架起友好桥梁的天文学者

培文公寓：“巨轮”中的奋斗者们

同孚大楼：德国建筑师与“大上海都市计划”

联华公寓：建筑师也当起了地产开发商

犹太总会：一个民族镌刻在上海的印记

锡克教谒师所：印度打工人的心灵归宿

普庆里：为抗日战争留尽最后一滴血的义士

雷士德工学院：一位英国老人在上海的遗愿

3秒钟速览

雷士德工学院位于上海市虹口区东长治路505号，曾是20世纪30年代至40年代中国为数不多几家参照英国模式教学建设的全日制技术学校之一。

3分钟扩展

雷士德医学研究院旧址位于上海市静安区北京西路1320号，1932年建造，由德和洋行设计，为装饰艺术派风格。当时的雷士德医学研究院下设有生理、病理、临床等部门，还附设有图书馆与动物实验室，职工将近百人。1957年，此地改名为上海医药工业研究院。

30秒游览

英国人亨利·雷士德1840年出生于英格兰南安普顿，在大学期间攻读建筑学。19世纪60年代中叶来到上海后，从事建筑设计与地产开发而致富，在老上海建筑设计领域内知名的德和洋行就是由雷士德与其他几名外侨一起合伙建立的。

或许是对于上海这个“第二故乡”的热爱与感恩，雷士德在耄耋之年立下了遗嘱，决定在他死后将自己几乎全部的遗产都捐献出来以用于上海的教育、医疗与慈善事业。

1926年雷士德去世后，根据这份遗嘱，他的遗产由“雷士德基金保管委员会”托管并如他所愿运用于当时上海的教育、医疗、慈善等各项事业，其中尤以雷士德工学院、雷士德医学研究院两个项目最为知名。

建造于1934年的雷士德工学院大楼由德和洋行建筑师鲍斯惠尔设计，建筑融合了哥特风格与装饰艺术派的风格特征，整体上感觉大气美观。雷士德工学院开办后以入学选拔严格、教学设施先进及教学方法理论结合实践而著称，曾在这所学校就读过的各界名人有中国工程院院士顾懋祥，城市规划专家陈占祥，原联合国国际法院院长史久镛，翻译家草婴、任溶溶，等等，可谓是群星璀璨。

因受战争影响，雷士德工学院于20世纪40年代被迫停办，后来雷士德学院大楼曾长期作为上海海员医院。2023年大楼在经过整体修缮后重新开启。

3分钟科普

陈占祥：1916—2001，城市规划专家，曾撰有《中国建筑理论》《古代中国城市规划》等论文。

草婴：1923—2015，原名盛峻峰，文学翻译家，曾系统翻译列夫·托尔斯泰全部小说作品。

任溶溶：1923—2022，原名任根鎏，儿童文学翻译家、作家，曾翻译有《安徒生童话集》《夏洛的网》等，著有《“没头脑”和“不高兴”》《小孩子大事情》等。

雷士德工学院1

雷士德工学院2

雷士德工学院3

雷士德工学院内景

雷士德医学研究院

黑石公寓：中华民国时期上海的精品酒店

30秒游览

有关黑石公寓的来历在过去很长一段时间内是一个谜团。2019年3月，一篇由历史学者蒋杰所写的名为《沪上“黑石公寓”往事》的文章使得这个谜团终被解开，据该文中的说法：黑石公寓是由一位名叫“James Harry Blackstone”（中文名“宋合理）的美国传教士投资建造的，这应该也是黑石公寓名称的由来，当时宋合理还是美国司徒基金在中国的负责人。

建造于1924年的黑石公寓在其建成初期曾以“酒店”的面貌出现公众视野之中，其设施的先进与豪华曾令当时的人们叹为观止。在蒋杰《沪上“黑石公寓”往事》一文中曾引用的当时《北华捷报》（后《字林西报》）对黑石公寓竣工前的先期报道：“黑石公寓所有卧室都将提供冷热水的浴室。厨房内均配有冰箱、煤气灶及小型洗衣设备。为了满足住客的种种需求，公寓内还设有四季恒温泳池、餐厅和舞厅。大楼的顶层是一座屋顶花园，可以俯视附近大部分街区。在户外，还设有3座网球场及12个停车库。在服务方面，如果客人需要，公寓还可提供餐食服务……此外公寓还提供了电梯、中央供暖和佣人服务。”1935年2月9日，熊希龄与毛彦文的婚礼曾引起当时社会广泛关注，二人的婚房就设在黑石公寓。

3秒钟速览

黑石公寓位于上海市徐汇区复兴中路1331号，为带有巴洛克特征的折中主义风格建筑，早期也被称为“花旗公寓”。

3分钟扩展

有关熊希龄与毛彦文的婚房，据当时的《申报》报道：“新房设在（黑石公寓）3楼36号，该房每月租金148两，为二等客房。内有会客室2间，卧室2间，同时附设厨房和浴室，并配有一名男仆。除酒店配备的设施之外，新房内还挂有马相伯所赠对联，恽寿平所题吴门女史范雪仪的工笔人物画八幅及一些西洋名画。”

3秒钟科普

熊希龄：1870-1937，在北洋政府时期曾担任过国务总理，后又广泛涉足慈善、实业等领域并均有建树。
毛彦文：1898-1999，中华民国时期著名才女。

黑石公寓1

黑石公寓2

黑石公寓3

黑石公寓4

黑石公寓5

黑石公寓6

老天主堂：抗日战争中的“生命防火墙”

30秒游览

老天主堂原名“世春堂”，初为豫园主人潘允端在安仁里建造的私宅主厅，为歇山式建筑。明末崇祯年间传教士潘国光在徐光启孙女的帮助下买下这里并将其更名为“敬一堂”，从此世春堂就成为一座天主教堂。

敬一堂在清代雍正年间曾因“禁教”而被清政府收去，后被作为关帝庙使用，而位于其一侧的原传教士寓所则在乾隆十三年（1748年）时被改建为申江书院，即是如今上海市敬业中学的前身。

上海开埠后，1861年，法国人要求索回敬一堂，清政府无奈之下只得于次年将关帝庙与敬业书院迁址。从此这里又成为教堂，因在此之前上海已新建有天主教堂，故而这里也就被称为老天主堂。

1937年淞沪会战中，上海华界内多处地区陷入战火，老天主堂所在街区因位于“南市难民区”内（约现人民路以南，方浜中路以北的地区），故而有幸免遭战争袭扰。作为“南市难民区”积极推动者之一的法国传教士饶家驹曾与他的同事们在老天主堂内主持救助难民的工作，同时这里也成为无数难民的避风港湾。如据汪志星《不能忘却的上海“拉贝”——抗战时期饶家驹及其建立的上海南市难民区》一文中所述：位于梧桐路137号的老天主堂内，也设有7所难童学校，招收了两千余名学生，难民子女均免费入学。

3秒钟速览

老天主堂位于上海市原南市区梧桐路137号，是上海现存唯一一幢17世纪中国古典建筑风格的教堂。

3分钟扩展

在当时的南市难民区内，像老天主堂这样承担起救助难民重任的建筑还有多处，如据1937年11月10日与12月6日的《申报》报道：“南市难民区正式成立的第一天，小世界游乐场就收容了1200名难民。之后为方便难民生活，小世界对面还设了老虎灶，供应难民热水。”此外如城隍庙、沉香阁等也都收容了不少从战区仓皇逃出的难民，为此城隍庙内还设立了一个专门分发救济大米的中心。

3秒钟科普

南市：旧指上海租界以南的华界地区，也特指上海老城厢区域。

南市难民区：1937年淞沪会战中，法国传教士饶家驹于1937年11月在上海方浜中路、民国路（现人民路）范围内创立的战时平民救护区，存在时间1937年11月9日至1940年6月30日。

老天主堂1

老天主堂2

老天主堂3

老天主堂4

老天主堂5

上海自然科学研究所：架起友好桥梁的天文学者

30秒游览

原上海自然科学研究所大楼建造于1931年，由日本建筑师内田祥三设计，底层由七座罗马券柱式构成连拱廊柱，从空中俯视建筑平面呈汉字“日”字形。

上海自然科学研究所原是1925年计划由中日两国学者共同组成一家科研机构，使用“庚子赔款”资金建造。后因“济南惨案”发生，中方学者为抗议日本侵略而全部退出，原本应由中国人担任所长的研究所也因此改为由日本人担任所长。

1935年2月，日本天文学者新城新藏出任研究所第二任所长后，致力于中日友好交流，期间鲁迅曾为研究所发行的《自然》杂志刊名题字；郭沫若的小说《司马迁发愤》，郁达夫的小说《沉沦》曾在《自然》杂志上刊登；不少中国学者也应邀来到研究所内进行参观访问，研究所也因此进入到一段发展时期，但这一切终因抗日战争全面爆发戛然而止。

1938年8月新城新藏因操劳过度去世，上海自然科学研究所从此逐步沦为侵华日军的专用机构。1945年抗日战争胜利后，中央研究院接收上海自然科学研究所，筹建上海医学研究所。1958年，中华人民共和国政府将之改制为生理生化研究所，归入中国科学院。

3秒钟速览

上海自然科学研究所旧址位于上海市徐汇区岳阳路320号，具有哥特风格与装饰艺术派的特征，大楼现为中国科学院上海分院使用。

3秒钟扩展

建筑师内田祥三在中日两国都留下过不少建筑作品，在东京大学内，由他设计的工学院、图书馆、医学院等与上海自然科学研究所大楼的外立面高度相似。除此之外，内田祥三也是日本钢筋混凝土结构和钢结构领域的创立者与住宅防灾及城市规划方面的开拓者。

3分钟科普

郭沫若：1892-1978，作家、历史学家、考古学家，代表作品有《甲申三百年祭》《星空》《女神》《屈原》《蔡文姬》等。

郁达夫：1896-1945，作家，代表作品有《沉沦》《故都的秋》《春风沉醉的晚上》等。

哥特风格：起源于中世纪的建筑风格，早期多运用于教堂和修道院建筑中，尖形拱券、肋式拱顶是该建筑风格中最为突出的特征。

上海自然科学研究所1

上海自然科学研究所2

上海自然科学研究所3

上海自然科学研究所4

上海自然科学研究所5

培文公寓：“巨轮”中的奋斗者们

3秒钟速览

培文公寓位于上海市黄浦区淮海中路449—479号，带有装饰艺术派风格，旧称“培恩公寓”。

3分钟扩展

除了装饰艺术派与现代主义风格以外，早期的赉安洋行也有将古典主义元素融入进建筑中的优秀案例，位于如今茂名南路58号的原法国球场总会就是其中的代表。据郑时龄著《上海近代建筑风格》一书中所述：“这个作品标志着赉安洋行成熟地运用新文艺复兴风格，表现了赉安与韦西埃的学院派教育背景，也为其赢得了很高的声誉。”

30秒游览

培文公寓建造于1930年，与时下广受关注的武康大楼一样，当年也同为法商万国储蓄会下属中国建业地产公司投资建造。武康大楼原名诺曼底公寓，而培文公寓则旧称培恩公寓（“培恩”是“Bearn”的音译，一般也翻译成“贝阿恩”），两个名字均取自法国的地名。

形似巨轮的培文公寓由法国建筑师事务所赉安洋行（也写作“赖安工程师”）设计。创办于1922年的赉安洋行在当时上海的现代建筑及高层公寓设计领域内曾享有较高声誉，培文公寓是该洋行完全摆脱复古主义风格进而全面转向装饰艺术派的开端，从此之后更多装饰艺术派与现代主义元素开始频繁出现在赉安洋行的建筑作品中。其中具有代表性的有淮海中路淮海公寓、建国西路道斐南公寓、复兴西路麦琪公寓、高安路高安公寓等，如今这些都已进入“上海市优秀历史建筑”之列。

或许是因为赉安洋行的建筑师们对于培文公寓的钟爱，故而在该公寓建成约一年后他们便将自己的建筑事务所搬入到了这幢大楼之中，并在此一直运营到1942年。有着“赉安三杰”之称的赉安、韦西埃、克鲁兹三位法国建筑师曾在此结下深厚友谊并设计出了许多经典作品，他们通过自己的奋斗在当时上海的建筑设计领域内不断实现着自己的建筑梦想。

3秒钟科普

赉安：1890—1946，毕业于法国巴黎美术学院，1922年与韦西埃在上海创办赉安洋行。

韦西埃：1896—1963，曾师从法国建筑大师乔治·诺达纳学习建筑，也曾在法国巴黎美术学院有过学习经历。

克鲁兹：1900—?，毕业于法国巴黎美术学院，1934年加入赉安洋行成为合伙人。

培文公寓1

培文公寓2

培文公寓3

培文公寓4

培文公寓5

同孚大楼：德国建筑师与“大上海都市计划”

30秒游览

同孚大楼由中国银行投资，建造于1936年，因其毗邻的石门一路旧称同孚路而得名，由陆谦受、吴景奇设计，具有现代主义与装饰艺术派的风格特点。大楼竣工后底层曾作为“中国银行西区分行办事处”，其余楼层房间除提供给中国银行职员居住外，有部分也用于出租，德国建筑师理查德·鲍立克就曾是同孚大楼内的住户。

据侯丽、王宜兵著《鲍立克在上海——近代中国大都市的战后规划与重建》一书中所述：“鲍立克的家常常是各类人士的沙龙，例如美国记者艾格妮丝·史沫特莱就是他的好友，大家常常可以在鲍立克的公寓中看到她，直到卢沟桥事件爆发后她离开上海为止，鲍立克还曾在家里为她开过欢送会。”

1945年抗日战争胜利后，为重建战后的上海，中华民国国民政府开始组织包括陆谦受、鲍立克在内的一批建筑师、规划师等参与编制“大上海都市计划”。与之前因抗日战争爆发而中途夭折的“大上海计划”相比，受租界收回等因素的助推，这版计划相较之前涵盖领域更为广泛，已涉及建造港口、高速干道及浦东开发等具体事宜。鲍立克在参与这项计划时认为：“上海的繁荣，必须建立在上海作为中国经济的枢纽及国际经济贸易中心的地位基础上。”他的这些设想虽受当时环境限制并未得到有效实施，但对于如今的上海却已不再是天方夜谭。

3秒钟速览

同孚大楼位于上海市静安区南京西路801—803号（毗邻石门一路），建造时受地形限制，建筑师因地制宜把建筑设计成了半圆月形。

3分钟扩展

1936年陆谦受与公和洋行联合设计的位于外滩的中国银行大楼，是他职业生涯中的一个点睛之笔，在这条有着“万国建筑博览会”之称的天际线上，除了有公和洋行、德和洋行等当时知名外商建筑设计事务所留下的作品外，陆谦受以其带有中国传统风格的设计为这条建筑艺术长廊上增添了一抹靓丽的中国色彩。

3秒钟科普

陆谦受：1904—1992，曾任中国银行总管理处建筑课课长，主要代表作除了同孚大楼外，还有位于四川北路的中国银行虹口分行大楼。

同孚大楼1

同孚大楼2

同孚大楼3

同孚大楼4

联华公寓：建筑师也当起了地产开发商

30秒游览

进入20世纪30年代后，建筑设计师邬达克在迈入其事业巅峰期的同时，也开始涉足当时上海的地产开发领域。建造于1932年的"爱文义公寓"便是其中的代表（北京西路旧称"爱文义路"），据[意]卢卡·彭切里尼、[匈]尤利娅·切伊迪著，华霞虹、乔争月译《邬达克》一书中所述："《上海泰晤士报周末版　工业增刊》1933年的圣诞特辑刊登了邬达克在大西路（现延安西路）上设计的一幢十层公寓楼达华公寓，该房产由在美国注册的邬达德房产联合公司投资，事实上，这家公司就是邬达克自己经营的，他从20世纪30年代开始投资房地产市场，这家公司拥有其他房产包括哥伦比亚路（现番禺路）的一幢住宅、爱文义公寓、两家电影院（浙江电影院和辣斐大戏院）。"

或许是由于20世纪30年代中"北四行"与邬达克曾有过良好合作基础的缘故，1942年由当时"北四行"之一的大陆银行董事兼总经理谈公远，金融界人士叶扶霄、沈籁清、瞿季刚，会计师徐永祚、陈述昆等人发起的联华房地产公司也向邬达克伸出了合作的橄榄枝。邬达克则以爱文义公寓作价入股该公司，自此这三幢公寓改名"联华公寓"至今。曾居住于此的各界名人有指挥家曹鹏、版画家杨可扬、宣传画家钱大昕、中医儿科专家董廷瑶等。

3秒钟速览

联华公寓旧称"爱文义公寓"，由北京西路以南、铜仁路以东、南阳路以北范围内的三幢公寓楼组成，外立面以现代派建筑风格为主。

3分钟扩展

位于延安西路918号的达华宾馆旧称"达华公寓"，建造于1935—1937年，有"小国际饭店"之称。1937年邬达克将原来的哥伦比亚路住所（现番禺路129号）出让给他人后，携家人搬入了这幢由他自己设计的公寓内居住，邬达克在这里度过了他在上海的最后十年时光。

3秒钟科普

邬达克：1893—1958，在上海生活期间设计的主要作品有：武康大楼、宏恩医院、爱神花园、孙科别墅、大光明电影院、国际饭店、绿房子等。北四行：盐业银行、金城银行、中南银行和大陆银行四家银行的合称，由邬达克设计的国际饭店正是由这四家银行合作设立的"四行储蓄会"于1931—1934年投资建造的。

联华公寓1

联华公寓2

联华公寓3

联华公寓4

联华公寓5

联华公寓6

犹太总会：一个民族镌刻在上海的印记

30秒游览

由于各种原因，犹太总会在当时的上海始终没有固定的会址所在地，目前能够确认的旧址主要有如下几处：①茂名北路39号（原慕尔鸣路35号），新古典主义风格建筑，据说原为军阀卢永祥公馆，后又做过美军俱乐部，据《字林西报行名录》显示1936—1941年犹太总会曾设于此；②南京西路722号（原静安寺路722号），仿欧洲文艺复兴府邸建筑，原为“五金大王”叶澄衷之子叶贻铨创办的“万国体育会”会址，后也做过美军俱乐部，1941年转卖给犹太总会；③汾阳路20号（原毕勋路20号），以法国文艺复兴风格为主，局部也带有德国青年风格派的特征，原为天纶洋行大股东英籍犹太人尼西姆（Edward Nissim）的私宅，1947年犹太总会迁址于此。

此外在李玲著《铅华洗尽后的真相——近代上海外侨俱乐部建筑》一书中还写到了一段延安西路大理石大厦与犹太总会之间鲜为人知的秘闻。笔者经过查阅《字林西报行名录》等资料后认为：“沪上名副其实的犹太总会自建会所曾在1920年前破土动工，至今风骨尚存，它就是闻名遐迩的大理石宫（今天的中国福利会少年宫）……1920年5月6日凌晨，离项目竣工不足一个月的时候，会所失火。”因此才有了后来改建而成的嘉道理家族私宅大理石大厦。

3秒钟速览

犹太总会也称“犹太俱乐部”，是旧时由生活在上海的犹太人组成的社会团体。

3分钟扩展

近代上海来沪的犹太人主要有如下三批：①祖居中东地区，19世纪经南亚来沪的塞法迪犹太人；②20世纪初来自俄国的犹太人；③20世纪30~40年代来自欧洲的犹太人。这三批犹太人中，塞法迪犹太人经济实力最强，如在近代上海历史上著名的沙逊、哈同、嘉道理、爱兹拉等富商家族都属这支犹太人群体。

3秒钟科普

叶澄衷：1840—1899，宁波商帮的先驱与领袖，以五金业起家，后又涉足钱庄、地产、航运、教育等多个领域，事业遍及国内多座城市。

嘉道理家族：犹太富商家族，祖先世居巴格达，约19世纪迁居南亚，后在上海、香港两地发迹，位于现延安西路64号的大理石大厦曾是该家族在上海的主要住所。

大理石大厦1

大理石大厦2

汾阳路犹太总会旧址

茂名北路犹太总会旧址

南京西路犹太总会旧址

锡克教谒师所：印度打工人的心灵归宿

3秒钟速览

锡克教谒师所位于上海市虹口区东宝兴路326号，是一幢由红砖和人造石砌成的两层楼房，曾是印度锡克教谒师所。

3分钟扩展

除了东宝兴路的锡克教谒师所外，当年在戈登路（现江宁路）、马霍路（现黄陂北路）、舟山路等地也曾建造过多所锡克教谒师所。其中的戈登路谒师所旧址至今犹存，位于临近江宁路的康定路陕西北路东北转角处，这幢建筑在经过修缮后现已成为又一处网红打卡点“陕康里”中的地标。

30秒游览

印度侨民在近代上海以从事巡捕与司阍（门卫）职业者居多，晚清中法战争期间，公共租界工部局以保护界外道路与外国侨民为由，开始招募印度巡捕。19世纪末随着公共租界的扩张，印度巡捕越来越多地出现在当时公共租界的大街小巷，从1901年的168人到1934年的634人，印度巡捕的数量在那些年中的上海呈现上升趋势。

当年的“印度打工人们”虽身处他乡，但他们也十分注重对于自身尊严及利益的维护。如在1893年时，工部局为纪念上海开埠50周年曾举办过一系列活动，其中有一项的内容是向巡捕房中的欧洲籍职员颁发银质纪念章。而向非欧洲籍职员颁发铜质纪念章，结果有数十名印度巡捕将铜质纪念章退回，他们的理由是他们应该向欧洲籍职员一样得到银质纪念章。

同当时其他有宗教信仰的来沪侨民一样，以锡克教为主要信仰的印度巡捕也同样希望能够建造起属于他们自己的宗教场所。于是公共租界当局从“安抚与控制印度巡捕”的角度考虑，为他们先后兴建了多所用于礼拜的“锡克教谒师所”，其中最为知名的就是这处位于东宝兴路上的锡克教谒师所。这幢建造于1907—1908年的建筑时至今日虽说早已失去了往日的功能，但却依旧吸引着无数“城市探索者”慕名而来。

3秒钟科普

中法战争：1883—1885年，由于法国侵略中国和越南而引发的一场战争，最终清政府在取得“镇南关大捷”的局势下，与法国签订不平等条约《中法会订越南条约》。

巡捕：等同于后来的“警察”，因当时还没有“警察”一词，故而将“police”译为“巡捕”，该词源于清代负责京畿地区保卫治安工作的“巡捕营”。

东宝兴路锡克教谒师所旧址1

东宝兴路锡克教谒师所旧址2

东宝兴路锡克教谒师所旧址3

江宁路锡克教谒师所旧址1

江宁路锡克教谒师所旧址2

普庆里：为抗日战争留尽最后一滴血的义士

30秒游览

在1926—1932年，普庆里马当路306弄4号曾是当时大韩民国临时政府的办公地与开会场所，也是大韩民国临时政府领导人金九的居住地。1932年4月的一天，一个惊天计划在这幢石库门中被策划组织起来，将给当时的日本侵略者以沉重打击。

1932年“一·二八事变”结束不久后，日本侵略者为庆祝所谓的“胜利”准备在4月29日日本天皇生日当天在虹口公园举办“淞沪战争胜利祝捷大会”。消息一出，随即引发了广大爱国人士的极大愤慨，鉴于当时中国人无法进入虹口公园会场的实情，这项“震慑行动”最终在“暗杀大王”王亚樵的安排下通过安昌浩联系到了金九，并交到了义士尹奉吉手上。1932年4月29日清晨，已为抗日做好牺牲准备的尹奉吉在金九的目送下自普庆里马当路306弄4号出发，毅然踏上了去往虹口公园的“英雄不归路”。在当天上午举行“祝捷大会”上，尹奉吉乘会场混乱之际，奋力将事先准备好的炸弹投向主席台中央，一声巨响后，日本驻华公使重光葵等人被炸受伤，日军司令白川义则等人被炸身亡，尹奉吉也在完成这次行动后被捕牺牲。

虹口公园事件之后，在日方的施压下大批日本军警开进法租界进行疯狂搜查，大韩民国临时政府也从此离开了普庆里马当路306弄4号并结束了在上海的秘密活动。

3秒钟速览

普庆里位于上海市黄浦区马当路306弄的一片石库门里弄住宅，马当路306弄内4号为“大韩民国临时政府旧址”。

3分钟扩展

石库门作为具有近代上海特色的民居建筑，它的历史主要从19世纪中叶开始。受当时太平军东征苏常沪等事件的影响，上海周边大量民众为躲避战争进入租界。地产商闻讯而动，由此拉开了石库门在上海兴起的序幕。早期的石库门受江南民居影响，样式上以中式为主，后来随着中西文化的不断融合，使得石库门样式逐步演变成后来的“中西合璧”。

3秒钟科普

王亚樵：1889-1936，斧头帮帮主，与“上海三大亨”齐名，曾策划刺杀蒋介石、汪精卫等行动。

普庆里1

普庆里2

普庆里3

普庆里4

普庆里5

第三章
海纳百川的申城

卜内门大楼：被写入工商管理硕士教材的商战传奇

张家花园：买办的悲喜人生

兰心大戏院：艺术的饕餮盛宴

青海路周宅：豪宅里的简朴生活

田庄：地产商的奇思妙想

华安大楼：“球王”做过兼职的地方

陈桂春住宅：陆家嘴的传统印记

淮海大楼：讲述中国故事的“白鸽”

真如寺：大隐隐于市的元代古刹

宏恩医院：抗日战争的“亲历者”

卜内门大楼：被写入工商管理硕士教材的商战传奇

30秒游览

创办于1872年的卜内门公司于19世纪末进入中国，曾长期垄断中国化肥、碱类与其他化工原料的进口业务。至20世纪20年代初，卜内门公司为应对日益庞大的公司规模与各类业务往来，决定斥资在上海建造新楼，这就是如今位于四川中路上的卜内门大楼。值得一提的是，在该大楼的外立面上还曾有过两座扛柱力士雕像及其他精美浮雕，可惜如今已难觅踪迹。

卜内门大楼的竣工象征了卜内门公司在华巅峰时期的到来，同时另一股强劲有力的“中国力量”也正在当时中国的北方迅速崛起，而这股新兴力量的带头人就是有着“中国民族化学工业之父”之称的范旭东。1926年6月29日，范旭东位于天津的永利碱厂生产出了符合国际标准的纯碱，这是他与同仁们在历经千百次试验失败后在该领域内所取得的首次成功。

为了遏制这股新兴力量的发展势头，卜内门公司开始依仗着自身庞大的财力优势与永利碱厂打起了价格战。对此范旭东在已知永利碱厂国内市场不占优势的情况下，果断将价格战战场开辟到了邻国日本，此举令卜内门公司措手不及。为了不失去日本市场，卜内门公司无奈只得主动做出终止价格战的决定，这一商战案例后来被写入了工商管理硕士教材。

3秒钟速览

卜内门大楼位于上海市黄浦区四川中路133号，整体以新古典主义风格为主，局部带有巴洛克装饰，曾是卜内门公司在上海的办公地。

3分钟扩展

卜内门大楼由英国建筑师格拉汉姆·布朗与温格罗夫设计，他们曾在20世纪20年代的上海留下过不少作品。据郑时龄著《上海近代建筑风格》一书中所述：“已知的作品有位于华山路上的利德尔宅（现中国福利会儿童艺术剧院）、张园地区的王宅（原花旗银行买办王俊臣住宅），此外格拉汉姆·布朗还参与了嘉道理府邸（现延安西路中国福利会少年宫内大理石大厦）的设计。”

3秒钟科普

巴洛克风格：17~18世纪在意大利文艺复兴建筑基础上发展起来的一种建筑和装饰风格。其特征是形式自由、充满动感，具有华丽的装饰、雕刻。

卜内门大楼1

卜内门大楼2

卜内门大楼3

卜内门大楼4

卜内门大楼5

张家花园：买办的悲喜人生

3秒钟速览

张家花园位于上海市静安区，约为现茂名北路以东、石门一路以西、威海路以北、南京西路吴江路以南的地块，因清末民初时这里曾为富商张鸿禄的私家花园而得名。

3分钟扩展

除富商外，20世纪20年代以后的张家花园地块上也留下过不少社会名流的身影，结合汤涛编著的《人生事，总堪伤——海上名媛保志宁回忆录》与上海市静安区文物史料馆、上海石库门文化研究中心编著的《张园记忆》二书内容来看，大夏大学校长王伯群的母亲就曾居住于该地块上的华严里内，整片华严里也曾是王伯群家族的产业。

30秒游览

张家花园是19世纪末20世纪初上海最大的市民公共活动场所之一，曾被誉为“海上第一名园”。1919年张家花园的主人张鸿禄去世后，该地块随之被分割出售，但张家花园的名字沿用至今。在之后的十余年时间里，各式石库门住宅、里弄公馆、花园住宅等纷纷在该地块上拔地而起。

张家花园41号、77号两幢花园住宅在该地块上备受瞩目。这两幢带有新古典主义风格与巴洛克风格的住宅曾经是麦加利银行买办王宪臣、花旗银行买办王俊臣兄弟的住所。20世纪30年代中期王宪臣受投资钱庄失利的影响，把41号花园住宅赔了进去，人生最终在落魄中收场；而王俊臣则在接下来的抗日战争中因“投资地产毁于战火”而一蹶不振，其族人也在王俊臣去世后搬出了77号花园住宅。

此外，位于该地块东北角的斜桥弄巨厦（吴江路旧称“斜桥弄”）也是一幢颇带神秘感的老宅，它出自著名建筑师邬达克之手，在西班牙建筑风格中融入中国传统元素。自华霞虹、乔争月等著《上海邬达克建筑地图》将其旧主P.C.Woo这个关键信息传递给读者后，老宅主人的真实身份就此成为萦绕在大家心中的一个谜团。终于谜底在前几年被揭晓，原来巨厦的旧主也是曾担任过花旗银行买办的吴培初，吴培初的后人将这个信息告诉了《上海邬达克建筑地图》作者之一华霞虹。

3秒钟科普

买办：中国近代史上，帮助西方与中国进行双边贸易的中国商人，受雇于外商并协助其在中国进行贸易活动的中间人和经理人。
西班牙风格：主要特征有筒瓦屋面、螺旋形柱子、水泥拉毛外墙、铁艺栏杆、券柱长廊等。

斜桥弄巨厦

张家花园41号花园住宅

斜桥弄巨厦楼梯

家花园41号花园住宅楼梯

张家花园77号花园住宅

兰心大戏院：艺术的饕餮盛宴

30秒游览

兰心大戏院建造于1931年，由新瑞和洋行设计，早期在此演出的多为外侨艺术团体，如上海工部局管弦乐团、俄侨芭蕾舞团、俄国歌剧团等。

20世纪40年代后，受太平洋战争爆发、外侨离沪等原因的影响，中国艺术团体开始逐渐成为兰心大戏院舞台上的主角。仅在1941年，就有《大雷雨》《洪宣娇》《风波亭》等多部话剧在兰心大戏院上演，为中国艺术在兰心大戏院舞台上的蓄势待发拉开序幕。自1943年12月15日开始在兰心大戏院一直公演到1944年5月13日的话剧《文天祥》广受关注，这部洋溢着浓郁爱国情怀的剧作原名《正气歌》，由剧作家吴祖光创作，张伐主演，曾在日占时期的上海鼓舞了无数人的抗日战争斗志。

兰心大戏院也是京剧大师梅兰芳先生在抗日战争胜利后的“复出地”之一，1945年10月11日在兰心大戏院举行的“上海市纪念抗战胜利公演大会”上，梅先生重返舞台，但由于此次演出时间短暂，才使得约两个半月后在美琪大戏院的公演成为他正式的复出。

20世纪50年代兰心大戏院在改名为上海艺术剧场后依旧继续着它艺术传播的使命，1959年5月27日由何占豪、陈钢作曲的小提琴协奏曲《梁祝》在上海艺术剧场首次公演。俞丽拿的精湛演奏征服了在场的每一位听众，《梁祝》一曲从此享誉世界。1991年兰心大戏院恢复原名至今。

3秒钟速览

兰心大戏院位于上海市黄浦区茂名南路57号，带有意大利文艺复兴风格，是上海著名的剧院。

3分钟扩展

在茂名南路兰心大戏院建造之前，还有另外两幢兰心大戏院曾在现虎丘路及香港路一带先后出现。有关“兰心”名字的由来，有说法称是当时侨民们引用自位于英国伦敦惠灵顿大街上的知名剧院“Lyceum Theatre”，后学者王韬将“Lyceum”翻译成“兰心”。

3秒钟科普

梅兰芳：1894—1961，京剧大师，与程砚秋、尚小云、荀慧生合称为“京剧四大名旦”，抗日战争中以蓄须明志拒绝为日本侵略者演出而闻名。

美琪大戏院：位于上海市静安区江宁路66号，1941年建造，由建筑师范文照设计，曾是上海“首轮影院”之一。

兰心大戏院1
兰心大戏院2
兰心大戏院3
兰心大戏院4
兰心大戏院5

青海路周宅：豪宅里的简朴生活

30秒游览

青海路周湘云旧居约建造于20世纪30年代中后期，由新瑞和洋行的建筑师鲁克·格兰设计。住宅建成后即安装有当时在上海私宅内还极为少见的电梯、对讲机等设施。整座住宅配置堪与同时期建造并享有“远东第一豪宅”之称的绿房子相媲美，据说造价与当时位于外滩的华懋饭店相当。

周氏家族的致富与近代上海房地产业的畸形繁荣密不可分。随着大量人口入沪以及上海土地寸土寸金的日益凸显，周湘云父亲周莲塘所购置的地产价格飙升，周氏家族也由此成为名副其实的地产大王，据说最高峰时周家在工部局纳税人排名中位列第五，也有说法称当时上海以“庆”字为名的地产多为周家所有。大庆里则是其中的代表，著名的“南京路四大百货公司”之一的大新公司原本计划在大庆里建造百货公司大楼，在被拒后换到南京路西藏路东北转角处建造新楼，即后来的上海市第一百货商店大楼。

虽然拥有万贯家财，但周湘云的日常生活却以“简朴”而著称，除了平时粗茶淡饭之外，就连平时使用下的肥皂头也不舍得扔掉，而是将它们积攒后捏在一起继续使用，这样的富裕人家在当时上海并不多见。

3秒钟速览

青海路周宅位于上海市静安区青海路44号，现代主义风格，原为“地产大王”周湘云旧居，现为岳阳医院（青海路门诊部）。

3秒钟扩展

周湘云的弟弟周纯卿在当时上海的地产领域内与哥哥齐名。位于华山医院内具有江南园林特色的“纯庐旧址”原来就是周纯卿的私家花园。周纯卿去世后此地曾一度转卖给虞洽卿家族，20世纪50年代后成为华山医院的一部分至今。

3秒钟科普

绿房子：位于上海市静安区铜仁路333号，1935—1938年建造，由邬达克设计，原为颜料富商吴同文旧居。

大新公司：与先施公司、永安公司、新新公司并称为“南京路四大百货公司”，均由广东籍商人开办。

纯庐旧址1

纯庐旧址2

青海路周宅1

青海路周宅2

青海路周宅3

田庄：地产商的奇思妙想

3秒钟速览

田庄位于上海市静安区愚园路608弄北片区，为新式里弄住宅。

30秒游览

1937年抗日战争全面爆发后，随着众多外侨的离沪，一些由华人组建的中小型地产公司开始登上地产业舞台，愚园路608弄田庄就是在这样一个大环境下被开发出来的地产项目。

作为田庄的开发商，陈述昆等人在当年所遇到的最大问题便是缺乏资金，为此他们别出心裁地想出了以“储蓄住房”的方式吸引租客。这种方式简言之，就是住户以近似储蓄的方式将入住田庄20年的租金总和一次性“存入”开发商在银行的账户上，待20年租赁期满后由银行担保“退房还本”（住户在交还房子的同时由银行担保退还给住户20年的租金），这在当时上海的地产业是前所未有且极具吸引力的。果然，田庄一期在开盘不久便被抢租一空，陈述昆等人在通过此举积累下一定资本后又以几乎相同的方式建造并租出了田庄的后几期楼盘，成功赚取了第一桶金。

作家周瘦鹃曾居住于田庄94号，一生与“文”相伴的他，曾在中华书局、《申报》《新闻报》等机构担任编辑和撰稿人。由其主编的《紫罗兰》《半月》等刊物在当时的上海文坛和文学爱好者中闻名遐迩，也正是由于他的慧眼识才，造就了一颗文坛巨星张爱玲的冉冉升起。

3分钟扩展

愚园路608弄除了田庄外，位于南片区的文元坊建筑更为精致，其中有部分为西班牙风格，设券柱外廊、做断檐山墙，也有部分外墙为水泥拉毛饰面、清水砖墙窗框。曾居住于此的各界名人有藏书家王謇、工笔人物画家华三川、电影表演艺术家梁波罗等。

3秒钟科普

张爱玲：1920—1995，作家，代表作品有《沉香屑》《倾城之恋》《红玫瑰与白玫瑰》《半生缘》等。

田庄1

田庄94号周瘦鹃旧居

田庄2

文元坊1

文元坊2

华安大楼：“球王”做过兼职的地方

30秒游览

华安合群保寿公司的创办人吕岳泉早年曾在英商永年人寿保险公司任职，后因不甘心长期受洋人摆布，于1912年开始自立门户并创办华安合群保寿公司，公司在之后的十年间迅速壮大。

为了能够给客户展现出一个稳定安全的形象，华安合群保寿公司于1922年在静安寺路（现南京西路104号）置地造楼。新楼由哈沙德洋行设计，外立面呈现为三段式，底层与二层间由六根多立克柱式的柱子撑起，气魄雄伟，二层进门后带有意大利文艺复兴风格气息的大堂尽显繁华，让人流连忘返。建筑顶端中心设有的金顶塔楼分为两层，分别由科林斯柱式与塔司干柱式的柱子装饰，中间安装有时钟。华安大楼于1926年竣工，建成后二层被作为华安合群保寿公司的主要办公地，三至八层则被用作公司副业华安饭店的经营之用，随着这幢金顶大厦的落成，华安合群保寿公司也迎来了属于它的巅峰时期。

当年的华安合群保寿公司各类人才汇聚，1929年6月1日的《申报》上的一则启事，吸引了无数球迷的目光。启事称：“鄙人现应华安合群保寿公司之聘担任上海经理部秘书，除星期日外，每日上午十时至十二时止在公司办公，各界如赐接洽，务请驾临静安寺路三十四号华安合群保寿公司。”消息一出，华安大楼的门前立马人头攒动起来，刊登启事的，正是当时的“亚洲球王”李惠堂。球迷们争相到此只为一睹“球王”的风采。

3秒钟速览

华安大楼位于上海市黄浦区南京西路104号，带有新古典主义风格，现为上海金门大酒店。

3秒钟扩展

华安大楼中的华安饭店在1937年抗日战争全面爆发约一年半后出租给由香港华侨经营的上海金门大酒店，酒店在华安大楼原八层的基础上再加盖一层，该酒店后在20世纪50年代时更名为华侨饭店，20世纪90年代后又恢复“上海金门大酒店”原名至今。

3秒钟科普

科林斯柱式：源于古希腊，以柱头的莨苕装饰为其主要特征。

爱奥尼柱式：源于古希腊，以柱头的涡卷装饰为其主要特征。

多立克柱式：源于古希腊，柱头无装饰，柱身有凹槽。

塔司干柱式：源于古罗马，柱头无装饰，柱身无凹槽。

华安大楼1
华安大楼2
华安大楼3
华安大楼4
华安大楼5

陈桂春住宅：陆家嘴的传统印记

3秒钟速览

陈桂春住宅位于上海市浦东新区陆家嘴东路15号，现为吴昌硕纪念馆。

3秒钟扩展

20世纪90年代初陈桂春住宅因年久失修曾遭遇被拆除的危险，1992年由同济大学历史建筑保护研究学者们发起成立的“浦东民居调查小组”，让公众重新发现陈桂春住宅的重要价值。在以专业学者伍江为代表的老建筑保护人士的深入研究和奔走呼吁以及媒体的关注报道下，陈桂春住宅的主体部分最终被保留了下来。

30秒游览

位于浦东陆家嘴地区的陈桂春住宅约建造于20世纪20年代前中期，建筑风格中西合璧，又名“颍川小筑”，据说是因陈氏发祥地在河南省颍川郡（现河南省禹州市）而得名。屋内巧夺天工的各式木雕是此宅最引人注目的要素之一，就在这雕梁画栋之间，各种人物图案、飞禽走兽、历史故事等尽收眼底，故此住宅也有“浦东雕花楼”的美誉。富商陈桂春在这幢住宅中度过了他人生最后的时光。

陈桂春早年就生活在浦东烂泥渡，后靠经营驳运业发家。致富后的他长期致力于地方的发展，对于浦东医疗事业的发展功不可没。1919年7月在浦东多处发生了大规模霍乱，据当时《申报》报道：“蔓延甚速，患者历十数小时后往往殒命……染斯病死亡者每日有十余人之多。”对此陈桂春等人决定在浦东发起成立浦东医院，日常经费由浦东同人会资助。

陈桂春等人的善举也得到了多方人士的积极响应，就在医院创办前夕，当吴昌硕得知陈桂春有意兴办医院的计划后，还与王一亭等书画家一起创作书画进行义卖，为兴办浦东医院倾尽全力。就这样浦东的医疗卫生设施在众多有识之士的推动下也逐渐发展起来。后来浦东同人会改名为浦东同乡会，浦东医院也随之更名为浦东同乡会附设浦东医院，规模相较初创时有所扩大，而如今上海市东方医院的前身，正是这所在百年前兴办起来的“浦东医院”。

3分钟科普

陆家嘴：与外滩黄浦江相望，以地旧有陆深墓与氏宗祠而得名上海著名地标筑东方明珠广播视塔、上海金茂厦、上海环球金中心、上海中心厦均建于此处。

烂泥渡：也称“义渡”，曾是黄江沿江著名的“长渡”之一，因理位置优越及周店铺林立而兴一时。

吴昌硕：1844 1927，书画家、刻家，与任颐蒲华、虚谷合为“清末海派大家”。

浦东新区陆家嘴

陈桂春住宅1

陈桂春住宅2

陈桂春住宅3

陈桂春住宅4

陈桂春住宅5

淮海大楼：讲述中国故事的“白鸽”

30秒游览

与淮海中路上著名的武康大楼、培文公寓、淮海公寓等建筑相比，淮海大楼可谓是一个完完全全的“中国制造”。淮海大楼原名恩派亚大楼，约建造于20世纪30年代前中期，由中国建筑师黄元吉设计，外立面简洁明朗，宛似一只飞翔的白鸽。

黄元吉毕业于南洋路矿学校土木科，是当年由中国本土培养的优秀建筑设计师代表之一。他从最基层的绘图员做起，后通过多年努力先后加入中国建筑师学会及注册黄元吉建筑师事务所，成就了中国建筑史上的一段佳话。除了淮海大楼外，如今闻名上海的四明邨与四明别墅也同为黄元吉的代表作，他以自己的实践证明了那个时代的上海建筑界绝非只是“外国建筑师一枝独秀的舞台”。

曾经的淮海大楼内也是名人辈出，其中具传奇色彩的无疑就要属曾在中国电影界红极一时的著名影业人柳中浩。他与哥哥柳中亮一同自20世纪20年代末起，在当时充斥着欧美影片的上海顺应时代进步潮流开办专门上映中国影片的金城大戏院（现黄浦剧场），并由此大获成功，创造了一个属于中国的电影奇迹。1934年夏天的金城大戏院门前人声鼎沸，连续80余天的观者踊跃只为一部名叫《渔光曲》的中国电影在此上映，而片中那首著名主题歌的优美旋律也曾一度传唱在那时上海的大街小巷，后来这部电影还走出国门在国际上获得荣誉。

3秒钟速览

淮海大楼位于徐汇区淮海中路常熟路东北转角，以装饰艺术派风格为主。

3分钟扩展

柳氏兄弟的电影传奇在他们家族后人的手中继续延续着，其中最为大家津津乐道者则非柳中亮的儿子柳和清与儿媳王丹凤莫属。1962年时由王丹凤、韩非、顾也鲁主演的喜剧电影《女理发师》红遍大江南北，在观看该影片时，细心的观众一定不难发现，影片中有关理发店的场景就是在位于淮海大楼底层的“红玫瑰理发厅”中拍摄的。

3分钟科普

四明邨：位于上
市静安区延安
路913弄与巨鹿
626弄之间，由
明银行于20世
20~30年代时分
批次建造的石库
里弄住宅，徐志
与陆小曼夫妇、
星胡蝶、作家
建人等都曾居
于此。

四明别墅：位
上海市静安区
园路576弄，同
四明银行于20
纪20~30年代投
建造的新式里弄
宅，音乐家黎
晖、妇产科专
林元英等曾居
于此。

淮海大楼1
淮海大楼2
淮海大楼3
淮海大楼4
淮海大楼5

真如寺：
大隐隐于市的元代古刹

30秒游览

元代延祐七年（1320年），真如寺的鼎建为真如镇的历史拉开序幕。据清代康熙年间《嘉定县志》记载：“真如教寺，在县东南五十里十都桃树浦。宋嘉定中僧永安以真如院改建。本在官场，元延祐间僧妙心请额移置于此，改为寺。”

1950年8月的一天，古建筑专家刘敦桢的到来，使得尘封于这座古刹内的记忆被重新唤醒。据刘敦桢在《真如寺正殿》一文中的回忆：“1950年夏天，上海市政府因真如寺的头山门牌坊一座，面临犁辕滨、地势异常，往来车辆往往和牌坊冲突发生危险，拟撤除此坊，又恐毁坏文化史迹，同年8月，会同华东文化部蒋大沂先生前往勘察……在此寺正殿内发现元延祐七年题字，引起莫大的兴趣。其后华东文化部为保存古代文物，曾继续调查二次。至11月底复邀本人赴沪考察，承蒋大沂、胡道静二先生向导，共同测量正殿平面，攀登上檐，检验斗拱结构，知此殿确建于元代中叶，而经明、清二代大规模的重修。”

这一发现，佐证了相关历史文献中对于真如寺记载的真实性。如今当人们迈进这幢单檐歇山式的建筑时，还能在额枋下清晰地看到确切记载其建造日期的“时大元岁次庚申延祐七年癸未季夏月乙巳二十乙日巽时鼎建”这26个墨字，这在上海留存至今的古代建筑中实属罕见。

3秒钟速览

真如寺位于上海市普陀区兰溪路399号，是上海著名古刹。

3分钟扩展

“真如羊肉”曾与杜布（纺织品）、豆制品一起并称为“真如三宝”，分为白切羊肉与红烧羊肉两种。白切羊肉又称“阿桂羊肉”，具有色、香、鲜、酥等特点；红烧羊肉又称“生糟羊肉”，具有卤浓、肥甜、鲜糯、肥而不腻、酥而不碎等特点。真如羊肉加工技艺于2007年入选第一批“上海市非物质文化遗产名录”。

3秒钟科普

嘉定：地名，
于上海西北部，南宋宁宗嘉定十
（1217年）置嘉
县，以年号为名。
刘敦桢：1897–
1968，古建筑
家，毕生致力于
筑教学及发扬中
传统建筑文化，
重对民居和各地
建筑的调查研究。

真如寺1
真如寺2
真如寺3
真如寺4
真如寺5

宏恩医院：抗日战争的“亲历者”

30秒游览

宏恩医院建造于1926年，是著名建筑师邬达克在独立执业后完成的第一个重要作品，曾因建筑美观、设施先进、环境优越、交通便利而被誉为“远东最好的医院”。在它的历史上也有着不少与抗日战争有关的往事，如“一·二八事变”之后《淞沪停战协定》的签订就与宏恩医院有关。

因签约当天，中日双方首席代表郭泰祺（被愤怒的爱国民间团体成员砸伤）与重光葵（在虹口公园被义士炸伤）均在有伤在身，故而此次签约仪式中日双方首席代表签字环节其实是在两家医院内进行的。

据1932年5月6日《申报》的报道：“首先签字者为日使重光葵，由（国民政府外交部情报司司长）张似旭、（日本公使馆书记官）冈崎及（英国领事）白克朋三氏同车携往北四川路福民医院，上午十一时三十五分到，即入重光葵病室，将协定交于重光葵，即在病榻签字，十一时四十五分签毕。仍由张似旭、冈崎及白克朋三氏携往大西路（现延安西路）宏恩医院，中午十二时四十分到，交于外交次长郭泰祺，亦即在病榻签字，其时淞沪警备司令戴戟同至宏恩医院，戴司令亦在郭次长病榻前签字。”

郭泰祺对签下这纸屈辱协定愧疚不已，于不久后“在病榻上草拟上行政院长汪精卫辞职电一通，表示以被辱之身，未便再担任任何职务。”（1932年5月7日《申报》）。

3秒钟速览

宏恩医院旧址位于上海市静安区延安西路221号，带有意大利文艺复兴风格，现为华东医院一号楼。

3分钟扩展

1946年11月9日，曾亲历过抗日战争的著名记者端纳在宏恩医院与世长辞。在宏恩医院的日子里，自知人生已近终点的端纳，回忆起了他与中国结缘后四十余年来的历程，并给那些前来探望他的人讲述自己曾经亲历过的抗日战争中的往事。

3秒钟科普

福民医院：1924年由日侨创办，鲁迅晚年曾多次前往该院就诊，后改名为“上海市第四人民医院”。

端纳：1875—1946，澳大利亚记者，曾先后参与过披露北洋政府与日本签订《二十一条》、和平解决“西安事变”等重要事件。

宏恩医院1

宏恩医院2

宏恩医院3

宏恩医院4

宏恩医院5

第四章 传说与真相的距离

枕流小筑：鲜为人知的李经迈旧居
丁香花园：拨开“金屋藏娇地”的迷雾
宝礼堂：藏书重镇旧址疑云
上海歌剧院老楼：被误传的陶善钟旧居
中国银行大楼：外滩第一高楼之争
重庆公寓：史沫特莱旧居探秘
爱乐乐团老楼：潘氏住宅背后的叶家往事
文艺会堂老楼：意大利总会隔壁的董氏住宅
西藏路桥：八百壮士生死时速的抉择
永业大楼：建筑名字中隐藏的秘密

枕流小筑：鲜为人知的李经迈旧居

30秒游览

传闻中有称华山路849号“丁香花园”曾是李经迈旧居的说法，实则据1931年4月10日《申报》消息李经迈旧居枕流小筑的门牌号曾是海格路（现华山路）441号。据1940年版《上海市行号路图录》中记载，它位于现华山路长乐路口的东侧，与丁香花园并非处在同一位置。另据《字林西报行名录》中的信息，在李经迈入住前，有“泰兴洋行大班”曾居住于此。陈从周、章明主编《上海近代建筑史稿》中收录的一张“泰兴洋行大班住宅”旧照，提供了笔者探寻的线索。顺着这张照片的导引，笔者在紧贴华山路的现长乐路1242号内发现了枕流小筑的旧址，老宅被较为完好地保留了下来，至此传闻中“丁香花园”为李经迈旧居的说法也就不攻自破了。1938年李经迈去世后，枕流小筑曾辗转归到荣德生名下。

另外，宋路霞在《上海望族》一书中也写道：“李鸿章去世后，李经迈在现华山路为之建造了一处花园豪宅……是一栋淡黄色的西班牙式的三层漂亮洋房。”宋路霞所提到的这幢西班牙式洋房位于长乐路1242号西侧隔壁的1244号，从其所处的位置来看，同样也位于当年海格路441号的范围之内，因此也不能排除李经迈在买下原泰兴洋行大班住宅后，在该片花园内再兴建一幢洋房的可能。就目前笔者查询到20世纪40年代后期的《上海电话号簿及购买指南》中信息来看，当时长乐路1244号的住户名叫瞿文勋。

3秒钟速览

枕流小筑位于上海市静安区长乐路1242号，带有英式风格，曾为李鸿章之子李经迈住所。

3分钟扩展

传闻中也有丁香花园为李鸿章旧居的说法，实则在上海目前还能找到可能与李鸿章有关的住宅位于康定东路85号，只不过据说此宅在建成前后李鸿章就去世了，李鸿章本人极有可能并未在此居住过。1920年，李鸿章的曾外孙女张爱玲在这里出生，度过了充满苦恼的童年与少年时光。

3秒钟科普

李鸿章：1823—1901，晚清政治家、外交家、军事将领，淮军主要创始人之一，民间有流传“半条华山路是李家的”的说法。

荣德生：1875—1952，民族实业家，荣毅仁之父，曾与荣宗敬一起被誉为“棉纱大王”与“面粉大王”。

康定东路85号李鸿章宅

枕流小筑1

枕流小筑2

枕流小筑3

枕流小筑4

枕流小筑5

丁香花园：拨开“金屋藏娇地”的迷雾

30秒游览

在前文“枕流小筑”中已基本澄清丁香花园与李鸿章家族无关的事实，拨开迷雾背后的历史渐渐清晰。

通过比对《上海市行号路图录》《字林西报行名录》与《申报》等史料，笔者整理出丁香花园在历史上曾经先后使用过徐家汇路14号、徐家汇路543号、海格路543号等多个门牌号。在使用徐家汇路14号至徐家汇路543号门牌号期间，这里的住户多为外侨，据《字林西报行名录》中的信息显示，公安洋行、顺发洋行、美丰洋行的大班曾先后居住于此。

自海格路543号以后，这里开始出现中国住户的身影，在1926年8月8日的《申报》中记录有“海格路五百四十三号干园柴志芳君”；而在1927年12月2日的《申报》中又记录说“海格路五百四十三号之四层楼洋房，该屋系粤人莫根生产业。”

20世纪30年代后的海格路543号开始逐步由私人住宅转变为公共空间。在这里曾开设过游乐场所“大沪花园”，之后也被改造成过“电影拍摄基地”，如今园内依然可见的园林景致实则是当年为拍摄电影而搭建的布景。

进入20世纪40年代后，海格路543号还曾一度为筹拍电影《红楼梦》变身为“大观园”；万氏兄弟的代表作动画电影《铁扇公主》也在此进行拍摄……这样一处与我们习惯印象中有所不同的丁香花园，同样也不失为近代上海历史上的一段传奇往事。

3秒钟速览

丁香花园位于上海市徐汇区华山路849号，带有外廊式建筑特征，为传说中的李鸿章“金屋藏娇地”。

3分钟扩展

有关“丁香花园”名字的由来，可能与一家烟草公司有关。据1938年6月7日《申报》上一则消息称：“海格路大沪花园旧址，现为丁香花园，一家香烟公司的出品叫丁香牌，因名。”又据祝淳翔《丁香花园得名由来》一文中的考证：这家烟草公司的老板正是纱业富商徐庆云之子徐懋棠。

3秒钟科普

华山路：始筑于1
世纪60年代初，
因通往徐家汇，
初名徐家汇路，
1921改称海格路，
1943年改名为华
路至今。

大沪花园：游乐
所，1936年“
海三大亨”之一
啸林六旬寿辰的
寿礼堂曾设于此，
后因经营不善
倒闭。

丁香花园1
丁香花园2
丁香花园3
丁香花园4
丁香花园5

宝礼堂：藏书重镇旧址疑云

30秒游览

宝礼堂曾是中国藏书界的一处重镇，潘明训曾在此藏有100多部宋元古书，据1939年6月9日《申报》上一则有关潘明训去世的消息中称，宝礼堂的地址位于当时的蒲石路（现长乐路）666号。

不少文章中都有写到宝礼堂旧址就是现长乐路666号上海邮电医院内三幢老宅中西侧的那幢。但笔者以为，这种说法有待商榷，因为只要翻开1940年及1949年两版《上海市行号路图录》进行比对后就会发现，现上海邮电医院内的这三幢老宅在当年蒲石路上自东向西曾分别对应666号、668号、670号三个门牌号码，即真正的宝礼堂旧址应该是院内东侧的那幢老宅。另外笔者在20世纪40年代后期的《上海电话簿及购买指南》中也有查到当时对于666号的标注为“潘公馆”，而对于670号的标注则为“董公馆”。

潘氏家族原先居住在现山西北路康乐里，后潘明训一支族人迁居至蒲石路666号。有一次袁世凯之子袁克文携宋版《礼记正义》至潘明训家中，并言明此乃南宋绍熙三年（1192年）三山黄唐所刊系海内孤本，潘闻之大喜，当即以重金收藏并视其为宝贵礼物，据说宝礼堂之名就是由此而来。后来袁克文藏书中的十之六七均被潘明训收进了宝礼堂中，潘为了确保这些藏书货真价实，故每次在收藏前都会专程送到张元济手中过目，经其鉴定无误后才会正式收藏入库。

3秒钟速览

宝礼堂位于上海市静安区长乐路666号内，带有新古典主义风格，曾是收藏家潘明训的住所。

3分钟扩展

1939年潘明训去世后，其子潘世兹子承父业。1941年随着日寇铁蹄临近，潘世兹深恐国宝落入敌手，于是便赶在日寇前将这些藏书提前秘密转移至香港。20世纪50年代初，在时任文化部文物局局长郑振铎的关心以及潘世兹和收藏鉴赏家徐伯郊等人的努力下，这批藏书从香港安全运回上海，并于不久后北上入驻北京图书馆善本室。

3秒钟科普

袁世凯：1859-1916，北洋军阀领袖，后执掌北洋军阀多年，曾出任中华民国临时大总统。

张元济：1867-1959，出版家、教育家，曾担任商务印书馆董事长、上海文史馆馆长。

山西北路康乐里

原蒲石路670号

原蒲石路668号（左）与666号（右）

原蒲石路666号楼梯

原蒲石路670号楼梯

上海歌剧院老楼：被误传的陶善钟旧居

30秒游览

常熟路旧称善钟路，路名来源于地产富商陶善钟，有传言称常熟路上海歌剧院内的那幢老宅曾是陶善钟晚年的住所，陶善钟因爱马，一度将这里的花园改成马厩。对此，笔者通过查阅《申报》发现了其中有待商榷的地方。

从1914年5月24日《申报》中一则“钱庄作为理账人”的信息来看，此时的陶善钟已经去世，因此如果从近代上海建筑风格的角度去分析，陶善钟所生活的19世纪末到20世纪初的上海是不可能会出现如常熟路100弄10号这类有着装饰艺术派及现代主义风格特征的建筑的。

据1937年8月6日《申报》中一则住宅召租信息中称“兹有最新式大住宅一所坐落法租界善钟路一百弄十号……欲租者请驾临本埠仁记路一百号业广地产公司接洽也。”由此则可以进一步证实这幢老宅应建造于20世纪30年代中后期，而此时距离陶善钟去世早已过去了至少20多年。对于这幢老宅目前能够确认的信息如下：此宅在建成后曾先后作为过苏俄驻华总领事馆（据1940年《上海市行号路图录》）、中央储备银行（据“优秀历史建筑”铭牌上的文字介绍）、同济大学医学院（据1949年《上海市行号路图录》），因此也就彻底撇清了它与陶善钟家族的关系。

3秒钟速览

上海歌剧院老楼位于上海市静安区常熟路100弄10号，带有装饰艺术派风格，现为上海歌剧院办公楼。

3分钟扩展

虽然陶善钟与上海歌剧院老楼无关，但他与常熟路还是有着很深的渊源，据《川沙县志》记载：“陶如增，字凤山，号善钟。顾家路（今顾路）人。幼寒微，业调马，设善钟马车行于上海，营业甚盛。广置地产于法租界今善钟路一带。租界当局以其名名路。”

3秒钟科普

同济大学医学院：前身为德国医生埃里希·宝隆于190[illegible]年在上海创办的德文医学堂，后改[illegible]为同济大学时将医学堂改为[illegible]学院。

上海歌剧院老楼1

上海歌剧院老楼2

上海歌剧院老楼3

上海歌剧院老楼4

上海歌剧院老楼5

上海歌剧院老楼6

中国银行大楼：外滩第一高楼之争

30秒游览

20世纪30年代的外滩曾有过一场“第一高楼争夺战”，常见说法是：富商沙逊为了确保自己的沙逊大厦（现和平饭店）在外滩享有“第一高楼”的美誉，故通过公共租界工部局故意压低了正在建造中的中国银行大楼的高度，最终中国银行大楼相较于一旁的沙逊大厦略逊一筹。实则真相并不完全如此，而是与发生在20世纪30年代中叶的“白银风潮”有着很大关联。

清末民初的中国在很长的一段时期内都是一个“银本位制”（即以白银来作为本位货币的一种货币制度）国家。1934年美国为缓解经济危机推出的《购银法案》使得白银价格开始了一反常态的“逆势反弹”，之后随着大量白银在投机客们操纵下的持续外流，中国市场的银根紧缩与市面萧条也接踵而至，最后中国成了美国《购银法案》最大的受害者。而面对着汹涌而来的“白银风潮”，当时中国银行的财务状况自然也是不容乐观，因此大幅降低外滩中国银行大楼高度也就成了中国银行高管们被迫做出的选择。

1935年，作为江浙财团代表人物的张嘉璈因事被挤出中行核心管理层，取而代之是宋子文，出于各种客观因素的考虑，当时身为中华民国国民政府代表的宋子文在对待外滩中国银行大楼的建造事宜上显然要比张嘉璈更加务实，故大楼的高度又被再次降低。

3秒钟速览

中国银行大楼位于上海市黄浦区中山东一路23号，在以装饰艺术派为主的建筑风格下也融入进丰富的中国传统文化元素，目前仍为中国银行使用。

3分钟扩展

有关沙逊与宋子文之间的关联，《上海经济史话》第一辑中透露出了蛛丝马迹，据书中写道：“维克多·沙逊与孔祥熙私交甚密。此外他每次来华都要专程拜会中华民国国民政府财政部长宋子文，宋子文则经常派海关监督唐海安与他联系。”如此沙逊通过宋子文进一步“压低”中国银行大楼的高度也就有了可能。

3秒钟科普

张嘉璈：1889—1979，金融家，实业家，曾担任中国银行总经理，也是徐志摩夫人即张幼仪的兄长。

宋子文：1894—1971，曾担任中华民国国民政府财政部长、中国银行董事长，与“宋氏三姐妹”一母同胞。

和平饭店与中国银行大楼 1

和平饭店与中国银行大楼夜景

和平饭店与中国银行大楼2

外滩和平饭店

中国银行大楼

重庆公寓：史沫特莱旧居探秘

30秒游览

吕班路（现重庆南路）85号是史沫特莱在沪期间的一处重要住所，有关于它的现址一般观点认为就是重庆公寓。但问题也随之而来，据《字林西报行名录》中的显示，史沫特莱于1930年曾在吕班路85号居住，而重庆公寓的建成时间却在1931年，为此笔者通过查阅相关史料解开了这个谜团。

通过梳理《字林西报行名录》中的信息可以获知在史沫特莱租住于吕班路85号期间，此宅当时的主人为外侨Mr.E.Sapojnikoff，从1931年起，这位外侨的住址从吕班路85号变更到了吕班路177弄6号。通过对比1930年、1931年两年的《字林西报行名录》信息后可以确认，吕班路在1931年时曾经历过一次规模较大的门牌号码更换，在1930年原吕班路65号、67号、71号、77号、81号、85号住户的名字依次出现在了1931年吕班路177弄1号、2号、4号、10号、8号、6号住户的信息中，据此便可以基本判定吕班路85号在1931年时曾变更成为吕班路177弄6号的事实。而通过1940年与1949年两版《上海市行号路图录》比对后则可以发现吕班路177弄在20世纪40年代后期时又变更成为重庆南路179弄，即位于重庆公寓不远处，复兴中路重庆南路东北角的“永丰邨”，因此昔日的吕班路85号极有可能应是如今的永丰邨6号。

3秒钟速览

重庆公寓位于上海市黄浦区重庆南路复兴中路东南转角，带有装饰艺术派风格，据说著名记者史沫特莱曾居住于此。

3分钟扩展

通过对《字林西报行名录》与《上海市行号路图录》的查阅，笔者还发现了两处史沫特莱居住过的地方，它们分别是格罗西路70号（现延庆路42号）与诺曼底公寓（现武康大楼），据《字林西报行名录》中信息显示史沫特莱在1931—1934年曾先后在这两处地方居住过。

3秒钟科普

永丰邨：位于上海市黄浦区重庆南路177号，179弄1-10号，建成于191[illegible]年，公寓里弄[illegible]宅，南部为点式[illegible]寓，北部为毗连[illegible]公寓。

延庆路42号

永丰邨

永丰邨6号

重庆公寓1

重庆公寓2

爱乐乐团老楼：潘氏住宅背后的叶家往事

30秒游览

爱乐乐团老楼也称“潘氏住宅”，步入楼内，随处可见的彩色玻璃与马赛克拼花地坪，不禁令人赞叹不已，而有关于它的“前世”笔者在考证后也有了新的发现。

武定西路旧称开纳路，原系英商业广地产公司在此购地兴建住宅时，于1911年开辟的一条供住户进出的私路。通过查阅《字林西报行名录》《上海市行号路图录》及《上海电话公司电话簿》等资料后，笔者发现爱乐乐团老楼的原主人正是曾担任过业广地产公司买办的叶启宇，当时这里先后使用过开纳路72号与282号两个门牌号。1925年，“多项经营”的叶启宇还在虹口现塘沽路近彭泽路一带创办“叶大昌”并以此进军上海食品市场。

1937年抗日战争全面爆发后，叶启宇在迁居福煦路（现延安中路）729号后，此宅曾一度成为“公立暨汉璧礼西童男校”校址，后又成为过金融界人士潘炳臣的住宅。

另外，坊间还流传有此宅曾被潘三省霸占的传闻，说是：在抗日战争中汉奸潘三省占有这里后将其改建成为赌场兆丰总会。对此笔者在查阅《申报》后发现当时所有关于兆丰总会的消息均出现在1939—1940年且其中所涉及的地址均不在开纳路上，故此宅曾为兆丰总会旧址的说法目前还没有真凭实据。

3秒钟速览

爱乐乐团老楼位于上海市静安区武定西路1498号，带有新古典主义风格，现为上海爱乐乐团办公楼。

3分钟扩展

叶启宇后来的住址福煦路729号，笔者在查阅《上海市行号路图录》《上海分类电话簿及购买指南》等资料后也找到了现址，即位于如今延安中路549号内西侧的那幢英式老宅，后来这里曾被作为过“上海人民评弹工作团”与“上海杂技团”的团址。

3秒钟科普

叶大昌：老上海著名南货店，以销售“三北豆酥糖”“三北糕点”等系列产品而闻名。

汉璧礼：1832—1907，英国籍商人、慈善家，生前曾多次捐助各类私立及公立学校。

爱乐乐团老楼1

爱乐乐团老楼2

爱乐乐团老楼3

爱乐乐团老楼4

爱乐乐团老楼5

延安中路549号老宅

文艺会堂老楼：意大利总会隔壁的董氏住宅

30秒游览

文艺会堂老楼曾被认为是“意大利总会”旧址，张长根《应道富与通和洋行三代人》一文使笔者对于该说法产生疑惑，据该文中所述：“在上海与应家凤阳路住宅式样相同的建筑共有四幢。1924年，应家的姻亲，上海统益纱厂股东董春芳家在大西路（今延安西路文艺会堂）建造的三层花园住宅，也是按照应家由通和洋行设计的凤阳路住宅图纸稍加改动建造的。”根据1947年《上海市行号路图录》中的显示：文艺会堂老楼原来的入口开在北侧，门牌号曾为静安寺路（现南京西路）2011号，而“意大利总会”则位于其东侧隔壁的大西路（延安西路的旧称）10号，两者并非处于同一位置。

另在查阅《字林西报行名录》时，笔者还发现在1931—1941年有关静安寺路2011号的信息中，都有显示一位名叫Z.S.Tung的住户曾在此居住。在《应道富与通和洋行三代人》一文中有写到“应子云的长子应舜卿与庚兴洋行买办董仲生的侄女、统益纱厂股东董春芳的堂姐董逸和结婚”一事，而从发音上来看Z.S.Tung与董仲生可能为同一人。董仲生与其父亲董桂庭先后担任过庚兴洋行买办，董春芳则是董仲生之子，这个家族在老上海的纺织业内曾有一定知名度。另笔者在20世纪30~40年代多本《上海电话公司电话簿》《上海分类电话簿及购买指南》中也有查到对于静安寺路2011号的标注为“董宅”。

3秒钟速览

文艺会堂老楼位于上海市静安区延安西路238号，带有巴洛克风格特征，曾长期作为上海市文学艺术界联合会办公楼。

3分钟扩展

另外在张长根《应道富与通和洋行三代人》一文中也有写到其他两幢与应家凤阳路住宅样式相同的建筑分别是“营造商张继光的爱文义路（现北京西路）光远坊住宅和京剧名票尤菊笙的凤阳路住宅”，其中尤氏住宅据笔者考证就是如今的凤阳路450号。

3秒钟科普

应家凤阳路住宅：位于上海市凤阳路288弄内，192年建造，原为通和洋行买办应子云住宅，屋内木制雕花楼梯、石膏花纹顶棚、彩色拼花玻璃至今仍保存较完好。

凤阳路应公馆

文艺会堂老楼1

文艺会堂老楼2

文艺会堂老楼3

文艺会堂老楼4

西藏路桥：八百壮士生死时速的抉择

30秒游览

西藏路桥始建于1899年，原为木桥，1924年时改建成钢筋混凝土结构，2004年又进行了重建，是一座有着众多称呼的桥梁。西藏路桥曾因临近垃圾转运码头被称为“新垃圾桥”（附近的浙江路桥也称“老垃圾桥”），又因桥南堍原有“英商自来火房”也被称作“自来火房桥”。1937年淞沪会战后期，谢晋元所率领的八百壮士在桥北堍的四行仓库坚守并与日寇血战四昼夜，书写下了雄浑悲壮的爱国史诗。

与一些影视剧中把八百壮士的突围描绘成“由西藏路桥退入苏州河以南租界”不同的是，真实历史上八百壮士在撤出四行仓库后的一段时间内，实则仍旧身处于苏州河以北。

大家在已习惯于“当时苏州河以南曾是租界”说法的同时忽略了“当时四行仓库以东的大片区域也曾是租界”的概念，因此如果给当年八百壮士选出一条退至租界内最佳路线的话，那一定是从四行仓库往东而并非往南，因为往东只需要跑过西藏路就可以到达租界，而往南则需要越过整座西藏路桥才可以进入租界。

对此当年战役的亲历者机枪手王文川在《八百壮士幸存者王文川老人》一文中曾有回忆：“在进入中国银行仓库后，孤军先被安排在仓库的地下室”，而这个仓库据《上海市行号路图录》中显示正位于苏州河以北西藏路桥的东北处。

3秒钟速览

西藏路桥位于上海市静安区与黄浦区交界处，连接西藏中路与西藏北路，是“四行仓库战役”的亲历者。

3分钟扩展

苏州河位于吴淞江下游流经上海段，一般以北新泾为界，以西仍称吴淞江，以东称苏州河，历史上曾有过松江、沪渎、吴淞江等多个名字，自明代永乐、正德、隆庆年间的三次疏浚后基本奠定了如今的格局。上海开埠后，来沪侨民因发现顺着这条河流直上可抵达苏州，于是就以Soochow Creek（苏州河）相称，曾是上海的水陆交通要道。

3秒钟科普

浙江路桥：因桥旁曾有垃圾转运码头而得名“垃圾桥”。原桥始建于19世纪80年代中期，后在20世纪初为应对电车行驶过桥问题于1906—1907年在此地再建钢质桁架结构桥梁。

四行仓库1

四行仓库2

西藏路桥1

西藏路桥2

西藏路桥3

永业大楼：建筑名字中隐藏的秘密

30秒游览

建成于1933年的永业大楼原名杨氏公寓，有传言称此楼为宁波小港李氏族人李祖永投资建造，实则不然，据薛理勇著《老上海高楼广厦》一书中所述："据称永业大楼是聚兴诚银行投资建设的房地产"。经查该银行由重庆富商杨文光家族出资创办，英文名为Young-Brothrs Banking Corporation，这些信息拉近了永业大楼与聚兴诚银行之间的关联。

杨氏公寓正式改名为永业大楼是在20世纪40年代中叶，据1944年3月9日《申报》中一则"永业地产股份有限公司将杨氏公寓改名为永业大楼"的消息，可知"永业大楼"的名字就是从这家永业地产公司而来。

曾为永业大楼业主的永业地产公司创设于1942年，由上海永安集团的郭顺、大中华火柴厂的刘念义和律师徐士浩等发起筹建。郭顺任董事长，徐士浩任总经理，当时经营的主要业务涵盖地产买卖、收租和代理经租等，曾一度被视为最具实力的华商房地产企业之一。20世纪50年代中期永业地产公司终止营业，而"永业"二字则伴随着这幢大楼一直留存至今。

工艺美术师黄培英曾是永业大楼的住户，1956年，"上海市妇女用品商店"在隔壁的培文公寓底层开业，黄培英时常往来于两幢大楼之间，为绒线编织技艺的传承做出自己的贡献。

3秒钟速览

永业大楼位于上海市黄浦区雁荡路淮海中路西南角，以现代派风格为主，局部带有古典主义装饰。

3分钟扩展

永业大楼与小港李氏的关联在上海文史馆馆员、上海电影制片厂编剧沈寂《建国初我在香港遇见的大亨和明星》一文得到了诠释。沈寂在此文中提到了自己亲自前往过的永业大楼虽仍与李祖永有关，但楼址却位于南京路江西路口，由此可见当时在上海以"永业"为名的大楼不止一处。

3秒钟科普

小港李氏：宁波商帮中一个具有代表性的百年家族，祖居镇海小港，自李也亭于清代道光年间来到上海创业后，先以经营沙船致富，后又投身码头、金融、地产、工商业等诸多领域，期间人才辈出，经久不衰。

永业大楼1

永业大楼2

永业大楼3

永业大楼楼梯1

永业大楼楼梯2

第五章
老楼钩沉拾遗补缺

德莱蒙德住宅：华山路上神秘的英式老宅
陕西北路荣宅：探秘荣宗敬入住前的住户
岳阳路马勒别墅：“童话城堡”建造前马勒家族的住处
海上小白宫：曾是外交官官邸
常熟路139号老宅：田汉曾任校长的地方
观渡庐：伍廷芳旧居之外的故事
陕西北路549号老宅：这里曾是“沈宅”
南阳路134号老宅：红砖背后的军阀旧事
多伦路250号老宅：“电影大王”的上海传奇
华山路蔡元培旧居：学界泰斗住所之外的钩沉

德莱蒙德住宅：华山路上神秘的英式老宅

30秒游览

深藏于大胜胡同弄内的德莱蒙德住宅一直给人以神秘的感觉，有传言称它曾是神父德莱蒙德的住所。对此笔者在查阅《字林西报行名录》与《上海市行号路图录》后有了答案。经查此宅在清末民初曾先后使用过徐家汇路2号、徐家汇路127号、海格路127号、海格路129弄7号、海格路135弄7号等多个门牌号。目前能查找到此宅最早的住户信息是在20世纪初，当时有一位名叫William Venn Drummond的英国律师居住于此，从其发音上来看与德莱蒙德应为同一人，而在其他一些有关的文字中，这位律师也被汉译成“担文”。

担文是清末民初活跃在中国的一位英国律师，曾大量代理中国当事人进行法律诉讼，其中比较知名的事件有代理轮船招商局控告“澳顺轮”撞沉“福星轮”，受清政府聘请参与北洋水师“长崎事件”的调查处理等。从客观上来讲，担文之所以能“较公正地为中国人提供法律咨询和服务”主要还是出于他作为一名专业律师的职业习惯，“拿人钱财替人消灾”应该就是他在华期间主要的日常处事准则。

担文去世后，德莱蒙德宅又先后成为中法工商银行与普爱堂的产业，而普爱堂正是当时天主教圣母圣心会的下属机构，故前文中提到有关“神父”的说法也就有了根据。

3秒钟速览

德莱蒙德住宅位于上海市静安区华山路263弄7号，带有都铎复兴风格，现为“华山·263老字号品牌馆”。

3分钟扩展

1930年普爱堂从中法工商银行处购得德莱蒙德住宅后，将其中的部分土地划出用于建造大胜胡同。据说因这片住宅区建成后来自北方的住户较多，于是就以“胡同”相称，著名物理学家杨振宁曾居住于此。

3分钟科普

都铎复兴风格：仿英国都铎王朝时期的建筑风格。红砖清水墙、陡峭坡屋顶、露明或半露明木架构是该风格的主要特征。

轮船招商局：洋务运动时期发起成立的一家官督商办企业，是中国近代史上第一家轮船运输企业，也是中国第一家近代民用企业。

杨振宁：1922—，著名物理学家，1957年与李政道因共同提出宇称不守恒定律而获得诺贝尔物理学奖。

德莱蒙德住宅1

德莱蒙德住宅2

德莱蒙德住宅3

德莱蒙德住宅4

德莱蒙德住宅5

陕西北路荣宅：探秘荣宗敬入住前的住户

30秒游览

对于陕西北路荣宅稍有了解的读者一定知道荣宗敬并非这幢老宅最初的主人，大约在20世纪10年代后期时，当时在生意场上大获成功的荣宗敬从一位外侨手中购下这幢华丽大宅并于之后对其进行了扩建。

对于陕西北路荣宅在荣宗敬入住之前的历史，笔者通过查阅《字林西报行名录》获知这里的门牌号曾为西摩路19号，在荣宗敬之前曾有一位名叫A.S.P.White-Cooper的外侨在此居住，而他的汉译名字正是“古沃”（也有译为“古柏”或“库柏”），是当时上海一位知名律师。同前文中的担文律师一样，这位古沃律师也曾大量为当时的中国雇主提供法律服务，他除了要应对各类法律诉讼外，道契挂号、房屋经租等也是他日常涉足的主要领域。1918年10月18日《新闻报》消息称“古沃君回国养病”，荣宗敬应该就是在这以后成为陕西北路荣宅的主人。

另外笔者在1916年的《字林西报行名录》中还发现曾有外侨R.E.Stewardson在此与古沃律师同住的记录，而这位R.E.Stewardson正是在近代上海建筑史上享有颇高知名度的英国建筑设计师思九生。1910年他在上海开办思九生洋行，并在随后的28年中在上海留下了诸如外滩怡和洋行大楼、苏州河畔邮政总局大楼等知名作品，现延安西路中国福利会少年宫内大理石大厦（原嘉道理宅）的设计也有他的参与。

3秒钟速览

陕西北路荣宅位于上海市静安区陕西北路186号，带有法国古典主义风格特征，屋内木质雕花与彩色玻璃是最大看点，曾为民族实业家荣宗敬住所。

3分钟扩展

古沃也并非陕西北路荣宅最早的住户，据郑时龄著《上海近代建筑风格》一书中所述：“陕西北路荣宅原先是德国人托格的住宅，建造年代不详。据阿诺尔德·赖特编写的《20世纪印象》一书已经有照片来看，应当早于1907年建造。上海市城市建设档案馆档案存有陈椿江建筑师在1918年扩建的图纸。据推测，（陕西北路荣宅）有可能是倍高（洋行）的作品。”

3秒钟科普

道契挂号：“道契”是旧时上海外侨在租界内拥有（永租）土地的凭证，后来华人为取得与外侨在“拥有土地”上同等的权利，会先以外侨的名义出面申请注册并领取道契，后再过户给自己。

陕西北路荣宅1
陕西北路荣宅2
陕西北路荣宅3
陕西北路荣宅4
陕西北路荣宅5
陕西北路荣宅6

岳阳路马勒别墅："童话城堡"建造前马勒家族的住处

30秒游览

1927年犹太富商埃利克·马勒一家在搬入亚尔培路（现陕西南路）4号后正式开启了他们的新居改造计划，多年后一幢"童话城堡"在这里被改建完成，马勒别墅从此闻名上海。然而在马勒一家的记忆中，还有另外一幢马勒别墅对于他们而言也是终生难忘的，这便是他们在搬入亚尔培路之前的住所，祁齐路（现岳阳路）120号。

周培元在《上海有两个马勒别墅》一文中有写道："祁齐路120号现为岳阳路320号中国科学研究院上海分院14号楼。"对此，笔者在《字林西报行名录》与1940年版《上海市行号路图录》中也查阅到了相关线索，据《字林西报行名录》中的信息显示，马勒一家至少在1915年时就已经在祁齐路住所居住。当时这里的门牌号为祁齐路30号，要从1924年起才变更为120号，马勒一家在此一直居住到了1927年，后搬往亚尔培路4号，即现在陕西南路30号马勒别墅的位置。

马勒一家离开祁齐路120号后，东方文化事业上海委员会临时事务所开始进驻这里办公。1928年10月作为东方文化事业上海委员会项目之一的上海自然科学研究所大楼在祁齐路马勒别墅的南面开建，至1931年8月竣工。从此，这片便成为上海自然科学研究所的所址，而马勒别墅也曾一度成为研究所所长的住宅，前文中的新城新藏所长也曾在此宅居住。

3秒钟速览

岳阳路马勒别墅位于上海市徐汇区岳阳路320号，带有法国古典主义风格，现为中国科学研究院上海分院14号楼。

3分钟扩展

据《字林西报行名录》中的信息显示，在马勒一家离开祁齐路住所后，还有两名日本外交官 S.Yada（矢田七太郎，1923—1929年任日本驻上海总领事）与M.Shigemitsu（重光葵，1929年起任日本驻上海总领事，1931年又任日本驻华公使）也曾先后出现在祁齐路120号的住户信息中，其中的重光葵就是后来在第二次世界大战结束时，代表日本政府在密苏里号战列舰舰上签署投降书的日方代表。

3秒钟科普

陕西南路马勒别墅：1927—193年在原有建筑上改建而成，以北欧斯堪的纳维亚风格为主，有关该建筑造型是"马勒女儿梦中所见"的说法流传甚广。

陕西南路马勒别墅1

陕西南路马勒别墅2

岳阳路马勒别墅1

岳阳路马勒别墅2

岳阳路马勒别墅3

海上小白宫：曾是外交官官邸

30秒游览

海上小白宫建成后曾为万国储蓄会大股东麦地的住所，从1930年起住户开始出现变化。在1930年9—10月的《申报》中，笔者有查询到两则它与葡萄牙领事馆有关的报道，由此可知，海上小白宫在20世纪20年代后期时曾成为葡萄牙总领事公馆。

不久后，日本驻华公使又成为海上小白宫的下一任住户。对此1930年12月11日的《申报》同样也留下了记录，据当天该报一则名为《日馆南迁先声》的报道中称："大陆报云，日本外务省已在法租界毕勋路（现汾阳路）七十九号购宅一所，广约十亩、价近二十五万两、作为驻华公使公馆、闻代使重光葵拟于下星期内即行迁入。"

重光葵入住海上小白宫一事在《字林西报行名录》中也同样得到了印证，笔者在对《字林西报行名录》此类信息进行梳理后发现，自1930年后曾经居住于此的住户先后有过M.Shigemitsu（1931—1932年居住于此），A.Ariyoshi（1933—1935年居住于此）、H.Arita（1936年居住于此），他们分别是曾任日本驻华公使的重光葵、有吉明（1935年中日两国公使馆同时升格为大使馆后，有吉明又被任命为首任驻华大使）以及曾任日本驻华大使的有田八郎。这些历史在以往有关海上小白宫的各类文章中很少被提及。

3秒钟速览

海上小白宫位于上海市徐汇区汾阳路79号，带有法国文艺复兴风格，现为上海工艺美术博物馆。

3分钟扩展

有关海上小白宫的建造年代，有1905年与1921年两种说法，近年来随着更多倾向后者的史料出现，越来越多的观点开始认为此宅为克利洋行设计，当时在该行工作的邬达克也参与了此宅的设计。

3秒钟科普

汾阳路150号白公馆：汾阳路上另一幢法国文艺复兴风格老宅，曾是万国储蓄会大股东盘腾与司比尔门的住所，抗日战争胜利后曾一度为白崇禧家族使用，故得名"白公馆"，白崇禧之子作家白先勇曾在这里居住。

海上小白宫1
海上小白宫2
海上小白宫3
海上小白宫4
海上小白宫5

常熟路139号老宅：田汉曾任校长的地方

3秒钟速览

常熟路139号老宅位于上海市徐汇区常熟路139号，带有古典主义风格，曾是“上海艺术大学”旧址。

3分钟扩展

在1938—1941年的《字林西报行名录》中，有关善钟路87号的住户信息均显示为“中央信托局”。1939年下旬，为了降低抗日战争中各大民族企业在内迁过程中因遭遇敌机轰炸而蒙受的损失，当时的中央信托局保险部专门开办了“战时陆地兵险业务”，而保险部驻沪办事处就设在善钟路87号。

30秒游览

有关常熟路139号的历史曾经鲜有记录，笔者通过查阅《上海市行号路图录》《申报》等史料发现这里过去的门牌为善钟路87号，上海艺术大学曾在这里办学。

上海艺术大学是1925年6月创立的一所私立艺术院校，（据1927年4月19日《申报》消息）1927年4月迁入善钟路87号。同年，田汉受邀来此担任文科主任，后又担任该校校长。1927年冬，由田汉等人发起的进步文艺团体“南国社”在当时霞飞坊（现淮海坊）的徐悲鸿寓所内正式成立，主要成员有田汉、欧阳予倩、徐志摩、徐悲鸿、周信芳等，由此推动了上海艺术大学内一场名为“鱼龙会”的话剧公演。

这场“鱼龙会”演出的剧目主要有田汉创作的五部短剧及两部外国戏剧，另外还上演了由欧阳予倩改编自“水浒故事”的新剧《潘金莲》。在该剧中，欧阳予倩大胆把“潘金莲”这一角色通过叛逆女性的角度去描写并亲自反串出演，加之周信芳在刻画武松时的入木三分，整台剧在观众中引起了强烈的反响。后来远在沪西、江湾、吴淞等地的学生也都纷纷慕名前来观演，由住宅客厅改造而成的“小剧场”经常创造客满的纪录。

但就在“鱼龙会”公演后不久，面对着善钟路87号高昂的房租，田汉只得带领同学们迁至当时的西爱咸斯路（现永嘉路）371号，不久后田汉在新址另行创办南国艺术学院。

3分钟科普

徐悲鸿：1895—1953，画家、美
教育家，主要绘
作品有《田横五
士》《九方皋》
《奔马图》等。
欧阳予倩：1889—1962，作家、
剧、导演，曾任
央戏剧学院院长，
代表作品有历史
《忠王李秀成》
电影《关不住的
光》等。
周信芳：1895
1975，京剧表演
术家，京剧“
派”艺术创始人
代表剧目有《徐
跑城》《乌龙院
《萧何月下追
信》等。

淮海坊徐悲鸿旧居

田汉铜像

善钟路87号旧址1

善钟路87号旧址2

善钟路87号旧址3

善钟路87号旧址4

观渡庐：伍廷芳旧居之外的故事

30秒游览

观渡庐因伍廷芳晚年自号“观渡庐老人”而得名，20世纪40年代这里又曾先后被大新烟草公司和汇明电筒厂使用。

与一般观点认为伍廷芳伍朝枢父子曾较长时间居住于此不同的是，笔者在查阅《字林西报行名录》等史料后发现，此宅在1916—1934年曾有住户Ling Yung Chen在此居住，而据1924年《道路月刊》中的一则信息显示，Ling Yung Chen正是台湾富商林熊征。

林熊征是台湾地区板桥林家的重要成员之一，该家族祖籍福建漳州，自清代乾隆四十三年（1778年）其先祖林应寅迁居台湾后拉开了林氏家族在台兴旺的序幕。在此之后板桥林家在对台湾地区的发展也做出重要贡献，如在晚清名臣刘铭传任台湾巡抚期间，他就曾委任林应寅曾孙林维源为抚垦总局总办，负责全省开垦事宜，后又因其在土地清丈中有功，于光绪十六年（1890年）授予其“太仆寺卿”荣衔。

除了与刘铭传有过合作外，板桥林家还与晚清洋务派官员盛宣怀家族关系紧密。林维源在一次游览盛宣怀位于苏州的留园后对园中景致大为赞赏，于是便效仿留园在台湾增建了“林家花园”。林维源的侄孙，即观渡庐的住户林熊征还曾迎娶盛宣怀之女为妻，促成两家联姻，之后林熊征还在由盛宣怀创办的汉冶萍煤矿工厂中担任董事，后又涉足金融领域参与创办华南银行等。

3秒钟速览

观渡庐位于上海市静安区北京西路1094弄2号，带有安妮女王复兴风格，以外交家伍廷芳曾居住于此而闻名。

3分钟扩展

另据《字林西报行名录》中信息显示，伍廷芳家族在搬离观渡庐后，就在不远处的戈登路（现江宁路）上安置了新家，经查伍家新宅的位置大致位于紧贴观渡庐旧址的北侧，西临同为伍氏家族投资建造的太平花园联排住宅，也称观渡庐，伍廷芳之子伍朝枢一直在此居住到20世纪30年代，后转让给富商沈延龄，现此宅已经不存。

3秒钟科普

安妮女王复兴风格：仿英国安妮女王时期建筑风格，红砖清水墙、拱券装饰、转角塔楼、雕花山墙与天窗是该类风格的主要特征。

刘铭传：1836—1896，晚清淮军重要将领，洋务派官员，台湾省首任巡抚。

观渡庐1
观渡庐2
观渡庐3
观渡庐4
观渡庐5

陕西北路549号老宅：这里曾是“沈宅”

30秒游览

戈登路观渡庐原主人伍朝枢离开后，富商沈延龄成为此宅下一任的住户，但仅数年后，据《字林西报行名录》《申报》中的记录，20世纪30年代中旬时沈延龄又迁至附近的西摩路549号居住，经过比对《上海市行号路图录》后发现，昔日的“西摩路549号”就是如今的“陕西北路549号”。

沈延龄的祖父席素恒原与著名的汇丰银行买办席正甫是同父异母的兄弟，后因过继给母舅新沙逊洋行买办沈二园为子的缘故改名为沈吉成，从此开启了沈氏家族在上海近八十年的传奇历程。

沈家的富贵在传到沈延龄这一代时仍在继续，如据马学强著《江南望族——洞庭席氏家族人物传》一书中所述：“民国初年，洞庭东山人召开旅沪东山同乡会员大会，创建洞庭东山会馆，在全部建筑费用的2万余两中，沈吉成之孙沈延龄（名炎麟）承祖严遗意，独捐银1万两……后来沈延龄又独捐惠然轩恤嫠基金万元，并为惠旅养病院捐巨款。”由此可见沈延龄在当时富甲一方。

1936年，一场与沈延龄有关的“风流官司”出现在各大报端，值得注意的是在1936年2—3月间《申报》对于这场官司的报道中，还特意写上了沈延龄戈登路的住址，这也或许是沈延龄在入住此宅仅数年后就急于迁居西摩路549号的原因之一。

3秒钟速览

陕西北路549号老宅位于上海市静安区陕西北路549号（近新闸路），带有新古典主义风格，局部也有装饰艺术派特征，曾是富商沈延龄住所。

3分钟扩展

与当时大多豪门望族子弟在婚姻择偶时会选择强强联手一样，沈延龄的妻子也是大家闺秀。据宋路霞《上海望族》一书中所述：“沈延龄娶宁波房地产巨商周纯卿的大女儿周亦珍为妻”，而周纯卿正是前文中周湘云的弟弟，据说曾是当时上海一号车牌的拥有者。

3秒钟科普

席正甫：1838—1904，汇丰银行买办，去世后其子席裕成与其孙席鹿笙又先后继任汇丰银行买办，至此成为中国近代史上最为知名的买办家族之一。

陕西北路549号老宅1

陕西北路549号老宅2

陕西北路549号老宅3

陕西北路549号老宅4

陕西北路549号老宅5

南阳路134号老宅：红砖背后的军阀旧事

30秒游览

1920年皖系军阀在直皖战争中被直系军阀击败后，作为皖系军阀首领段祺瑞手下心腹军师的徐树铮辗转来到上海并入住进南洋路（现南阳路）34号当起了寓公，但仍意图东山再起。据《字林西报行名录》中信息显示，这处住宅就是如今的南阳路134号。

1924年，盘踞在福建的王永泉被直系军阀首领孙传芳“驱逐出闽”，其所属杨化昭、臧致平二部在被（皖系）浙江督军卢永祥收入麾下后又引起了（直系）江苏督军齐燮元的不安，由此导致江浙战争的爆发。卢永祥在此役中战败后，浙军残兵退至上海并意图与杨化昭、臧致平二部继续抵抗，对此徐树铮感觉机会又至，于是便欣然接受了政客们提出的“出任这支部队首领”的邀约，但就在他决定放手一搏之时，公共租界巡捕房却在毫无征兆的情况下突然出手并包围了他的南洋路住所。原来就在卢永祥失利后，直系军阀孙传芳、齐燮元就已经预感到徐树铮极有可能会在上海有所动作，于是便事先联系了租界当局提醒其需对徐多加监视。再加之直系军阀历来有倾向英美势力的传统，故而早在徐树铮有意布置这场行动之前，其所居住的南洋路34号极有可能已经被巡捕房列入了监视范围，因此也就导致了徐树铮这场行动的满盘皆输，之后徐树铮在南洋路住宅被监禁一段时间后被迫离开了上海。约1930年时据《字林西报行名录》显示南阳路134号老宅成为颜料商张兰坪的住所。

3秒钟速览

南阳路134号老宅位于上海市静安区南阳路134号，带有安妮女王复兴建筑风格，曾为颜料商张兰坪住所。

3分钟扩展

1925年底，从欧美归来的徐树铮在北上拜见段祺瑞期间，在廊坊被冯玉祥所部枪杀（徐树铮曾在1918年枪杀与冯玉祥关系密切的陆建章，由此与冯玉祥结怨），结束了其带有争议性的一生。段祺瑞在闻之徐的死讯后几度昏厥，晚年也在“寓公生活”中度过。

3秒钟科普

皖系军阀：北洋军阀派系之一，以其首领段祺瑞为安徽人（安徽省简称皖）而得名。代表人物有徐树铮、靳云鹏、段芝贵、傅良佐、倪嗣冲等。

直系军阀：北洋军阀派系之一，以其首领多出身当时直隶省而得名，代表人物有冯国璋、曹锟、吴佩孚、齐燮元、孙传芳等。

南阳路134号老宅1

南阳路134号老宅2

南阳路134号老宅3

南阳路134号老宅4

南阳路134号老宅5

多伦路250号老宅：“电影大王”的上海传奇

30秒游览

多伦路250号老宅在以往较长一段时间内曾被称为“孔公馆”，据说因中华民国国民政府官员孔祥熙曾居住于此而得名。但笔者在查阅《上海市行号路图录》与《字林西报行名录》中的信息后发现，此宅早期的住户应为有着“电影大王”之称的西班牙人雷玛斯，当时这里的门牌号曾为窦乐安路270号。

雷玛斯来沪之前据说身处菲律宾，1898年辗转来到上海，时正值电影在全世界兴起，初来乍到的雷玛斯在察觉到这一新兴产业极有可能会给自己带来无限商机后果断投身其中。自1907年他在现乍浦路与海宁路的东南转角口搭建起“铅皮房子”以作为临时播放电影的场地后，又先后在沪建造了维多利亚、万国、夏令配克、恩派亚、卡德等多家影院，由此成为当时上海闻名一时的“电影大王”。1924年，雷玛斯在当时的窦乐安路270号建造起了自己的私人别墅，即现多伦路250号老宅，由西班牙建筑师阿韦拉多·乐福德设计。

雷玛斯回国后，多伦路250号老宅又先后被多家日侨机构所使用，在虹口区文物管理委员会编《百年多伦路》一书中有记录到据当时在上海生活过的日侨回忆，此宅曾作为过日侨幼儿园——知恩院。抗日战争胜利后此宅因与日本人有关而被中华民国国民政府接收，因此即便孔祥熙真与此宅有过关联那时间也是十分短暂的。

3秒钟速览

多伦路250号老宅位于上海市虹口区多伦路250号（近四川北路），是典型的穆迪扎尔风格建筑，曾为“电影大王”雷玛斯住宅。

3分钟扩展

有关雷玛斯回国的时间，以往较多观点认为是在20世纪20年代后期，但就1931年6月28日《申报》的一则报道来看，似乎又有待商榷，这则报道称：“大美晚报云，西班牙人拉摩在沪经营剧场岁二十年，现回西京马德里故里……其经营之夏令配克、维多利亚、恩派亚、中国、卡德、中山六大影戏院、业于昨日出盘与华商资本团，又其北川路之西式公寓，亦一并出售，共计八十万两云。”

3秒钟科普

穆迪扎尔风格：是西班牙风格与阿拉伯风格融合后的一种建筑风格，也有被音译为“马德加建筑风格”。

阿韦拉多·乐福德：1871—1931，西班牙建筑设计师，在上海留下的主要作品还有礼查饭店孔雀厅、拉摩斯公寓（北川公寓）、南京西路702号原飞星公司大楼等。

多伦路250号老宅1

多伦路250号老宅2

多伦路250号老宅3

多伦路250号老宅4

多伦路250号老宅5

华山路蔡元培旧居：学界泰斗住所之外的钩沉

30秒游览

华山路蔡元培故居陈列馆曾经的门牌号为海格路175号，是著名教育家蔡元培先生生前在上海最后的住所，从1937年10月29日入住至离开中间仅租住了28天时间，后举家迁居香港。

近一个月的时间显然不能涵盖华山路蔡元培旧居全部的历史，1938年12月15日《申报》的一条信息揭开更多有关此宅尘封的历史："美国哈佛大学同学会，定于本星期六下午八时，在福州路美国总会二楼，举行大会……如欲订座，请于是日以前，通过海格路七五号何中流。"据此，再结合《字林西报行名录》中的信息来看，蔡元培之后何德奎曾较长时间在这里居住。

何德奎，字中流，据林吕建主编《浙江民国人物大辞典》对他的介绍："1917年毕业于北京大学预科，同年以教育部考试第一名赴美留学，并先后在威斯康星大学与哈佛大学获得学士与硕士学位。回国后在大同大学、光华大学、交通大学任教，1928年起开始在公共租界工部局任职，1936年升任副总办，负责工部局华人事务及卫生、教育和人力车问题，为工部局中为数极少的华人高级职员。抗日战争胜利后，又曾先后担任上海市副市长与秘书长。"此外，何德奎在抗日战争中与"孤军营"中的八百壮士也有较多往来，但由于工部局惧怕日军的缘故，何在其中所做的工作未能改变八百壮士的悲惨境遇。

3秒钟速览

华山路蔡元培旧居位于上海市静安区华山路303弄16号，带有英国乡村风格，现为上海蔡元培故居陈列馆。

3分钟扩展

蔡元培在上海的旧居有多处，均为租住。据章正元编著《静安文博钩沉》一书所述："蔡元培最早（在沪）的寓所是白克路（今凤阳路）登贤里，以后分别住过泥城桥福源里、武定路鸿庆里833号，茂名北路升平街243号、极司非尔路（今万航渡路）49号、静安寺路（今南京西路）1025弄54号等，其中愚园路884号租住时间最长。"

3秒钟科普

孤军营：遗址位于上海市静安区余姚路321弄晋元里，四行仓库保卫战结束后八百壮士曾被羁留于此长达四年时间。

蔡元培铜像

华山路蔡元培旧居1

华山路蔡元培旧居2

华山路蔡元培旧居3

华山路蔡元培旧居4